棒针编织
超可爱提花花样

日本 E&G 创意 / 编著
蒋幼幼 / 译

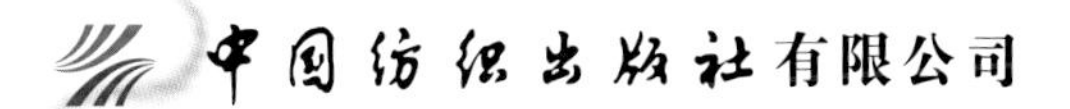

目 录

Part 1 提花编织

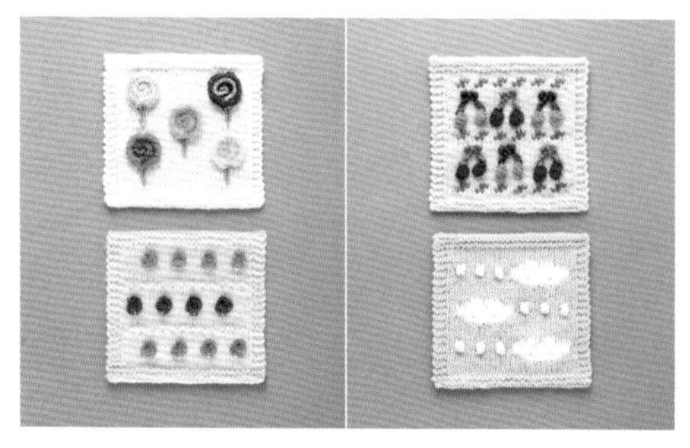

Part 2 花样编织

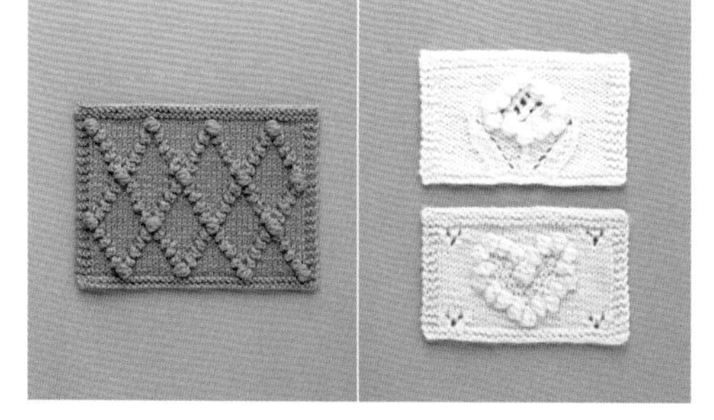

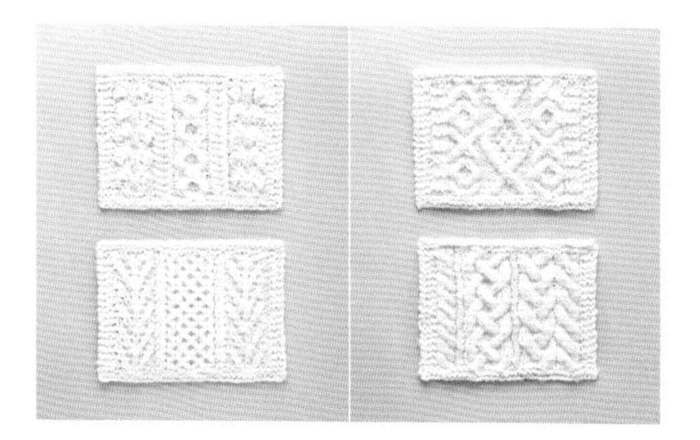

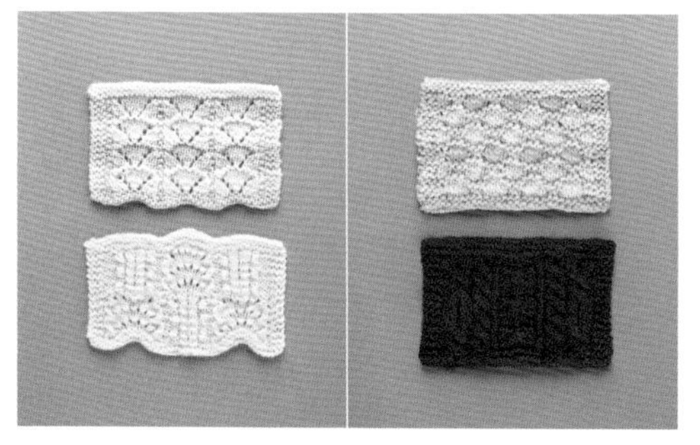

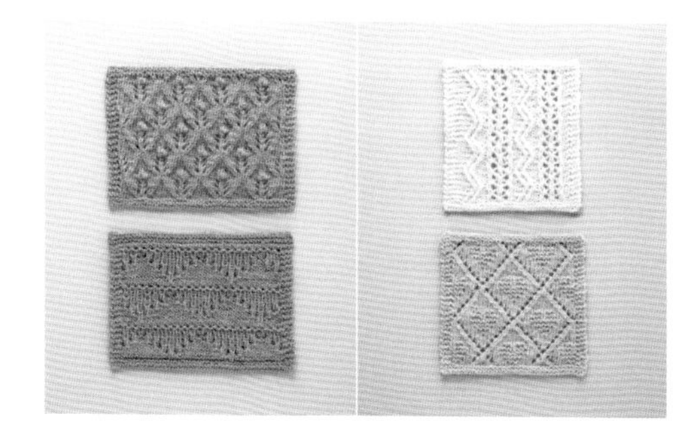

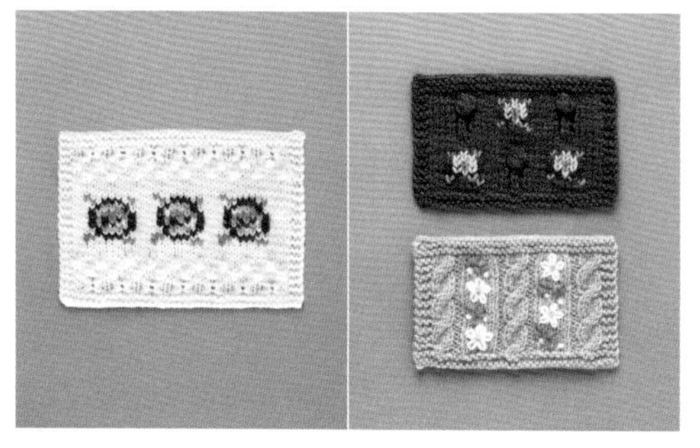

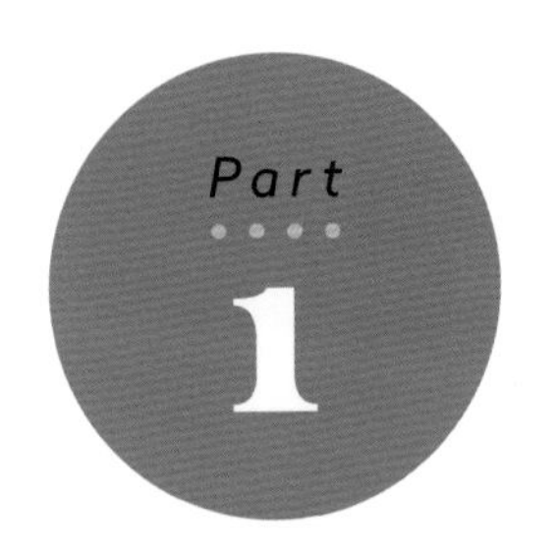

提花编织

这里介绍了几款运用本书花样编织的作品。
五彩的提花花样非常适合用来编织小朋友随身携带的物品。
可以单独一片，或者多片拼接起来使用，
也可以将图案用在毛衣或小物件上。
找到自己喜欢的图案，尝试将它们编织进各种作品中吧。

长条形花样可以在图案的切换上加以活用。重复图案的上半部分，就可以编织出一条提花围巾。按个人喜好改变线的颜色，又别有一番韵味。

提花花样：p.20 (35)

※这款作品实例的配色请参照 p.60

像格子等经典花样应用起来也十分方便，根据作品所需尺寸重复编织花样即可。

提花花样：p.19 (33)

这款花样最大的特点是圆鼓鼓的立体感，尝试编织后不禁会感叹："原来如此！"大家一定要挑战试试。改变泡泡针的颜色和底色，可以变幻出各种不同的视觉效果。

提花花样：p.22 (40)

※这款作品实例的配色请参照 p.62

花卉提花

编织方法：p.46

设计 & 编织：远藤裕美

尺寸：**1**.30cm×30cm

1

编织方法：p.47

设计 & 编织：远藤裕美

尺寸：

2.10cm×10cm / **3**.10cm×10cm

4.10cm×10cm / **5**.10cm×10cm

简洁明快的提花

编织方法: p.48

设计: 冈本启子

编织: 6、7. 佐伯寿贺子 / 8. 宫本宽子

尺寸:

6.10cm×10cm

7.10cm×10cm

8.10cm×10cm

6 草莓

7 纸杯蛋糕

8 柠檬

编织方法：p.49
设计：冈本启子
编织：中川好子
尺寸：
9.10cm×10cm
10.10cm×10cm
11.10cm×10cm
9 气球
10 小汽车
11 帆船

锯齿&彩旗

编织方法：p.50

设计：冈本启子

编织：

12.中川好子

13.宫本宽子

尺寸：

12.15cm×15cm

13.15cm×15cm

爱心&星星

编织方法: p.51

设计: 冈本启子

编织: **14**、**17**. 宫本宽子 / **15**. 佐伯寿贺子 / **16**. 宫本真由美

尺寸:

14.10cm×10cm / **15**.10cm×10cm

16.10cm×10cm / **17**.10cm×10cm

• • • •

动物提花

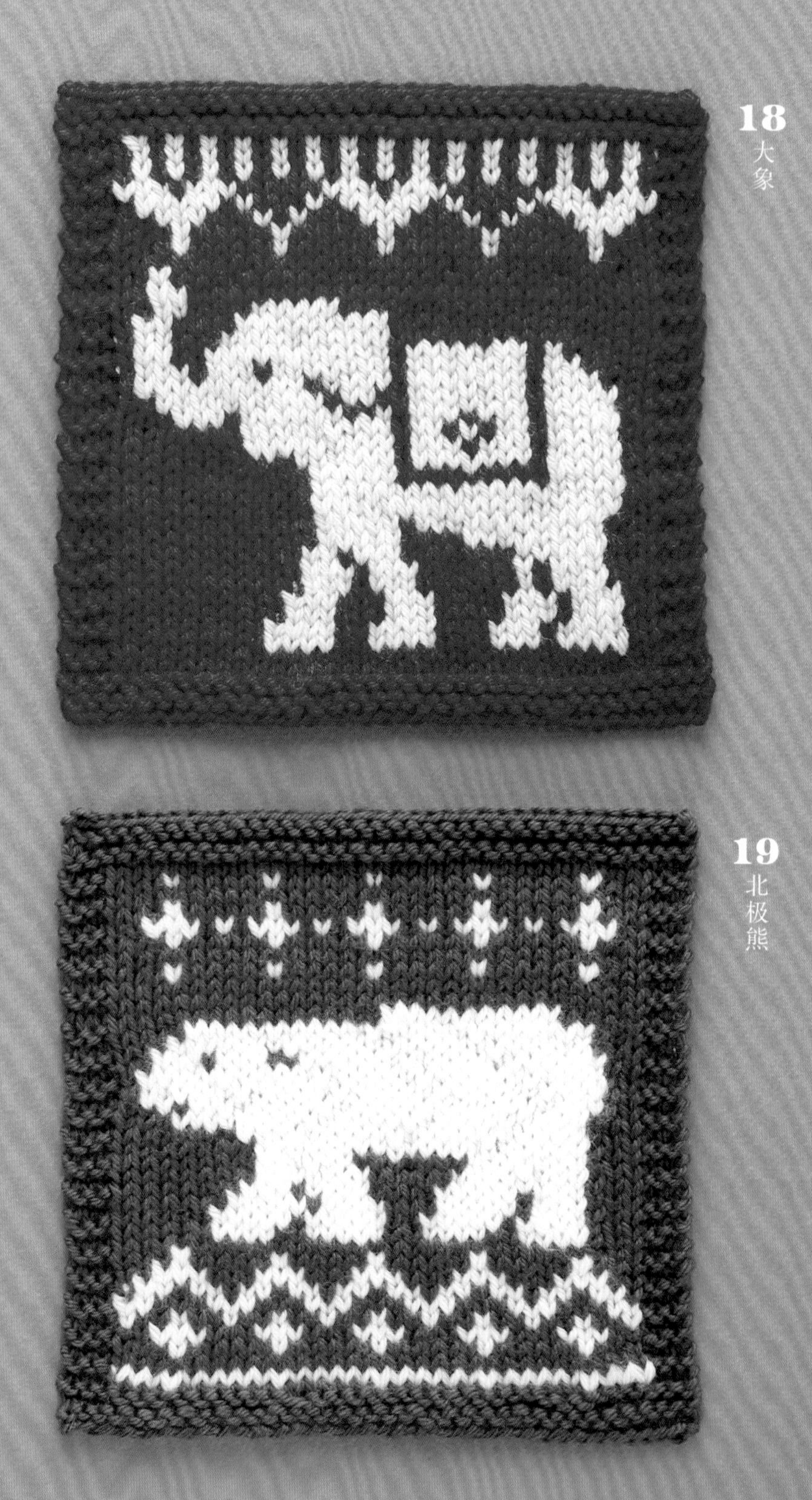

18 大象

19 北极熊

编织方法: p.52

设计 & 编织: 冈真理子

尺寸 : **18**.15cm×15cm /**19**.15cm×15cm

编织方法：p.53

设计 & 编织：冈真理子

尺寸：

20.10cm×10cm / **21**.10cm×10cm

22.10cm×10cm / **23**.10cm×10cm

20 熊猫

21 恐龙

22 狐狸

23 小鸟

• • • •

豹子&狮子图案的提花

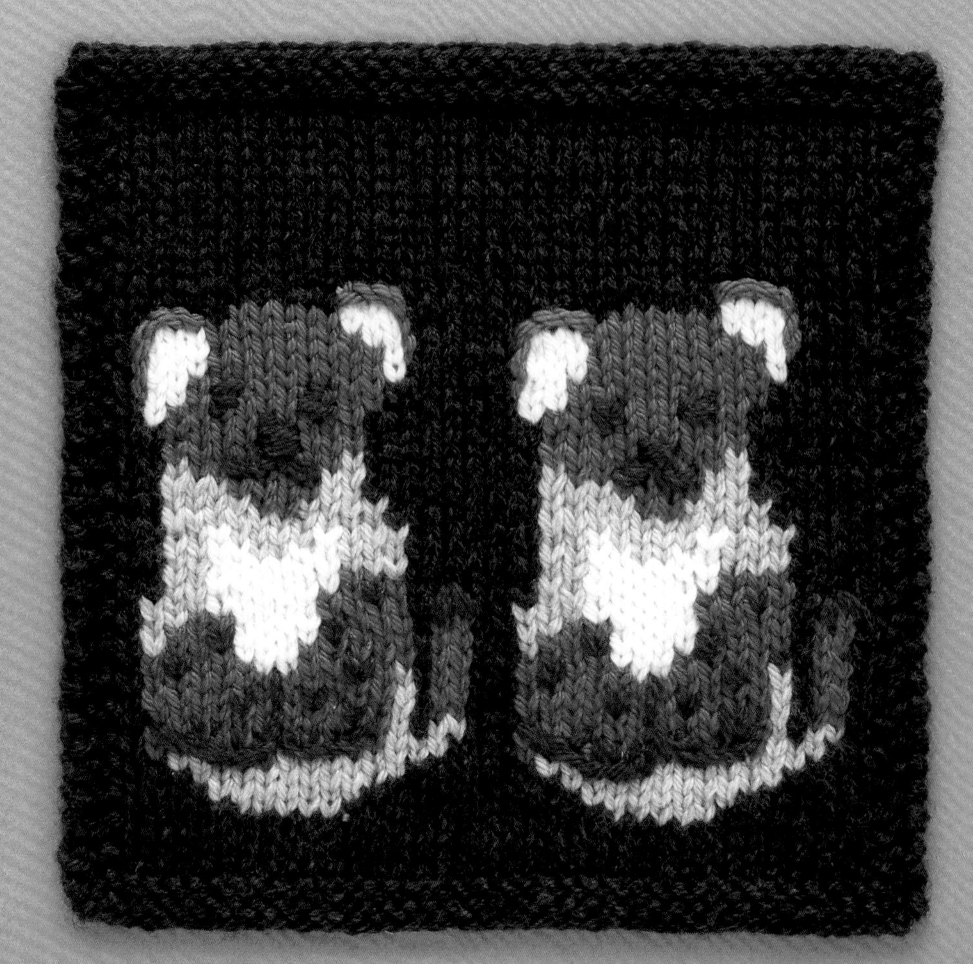

24

25

编织方法：p.54

设计：冈本启子

编织：

24．宫本宽子

25．中川好子

尺寸：

24.20cm×20cm

25.15cm×15cm

编织方法：p.55

设计：冈本启子

编织：宫本宽子

尺寸：

26.15cm×15cm

27.20cm×20cm

26

27

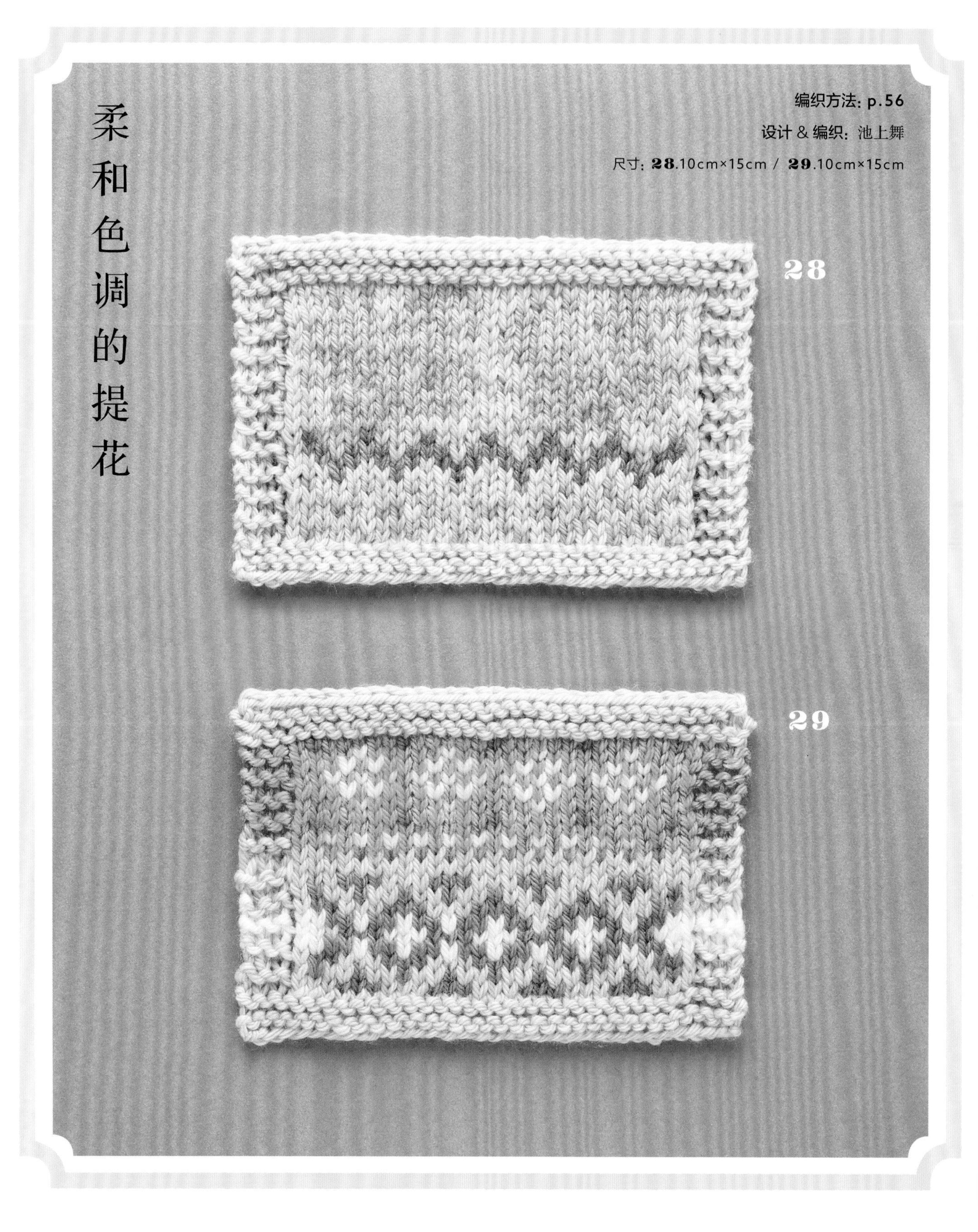
柔和色调的提花
编织方法：p.56
设计 & 编织：池上舞
尺寸：28.10cm×15cm / 29.10cm×15cm
28
29

佩兹利涡旋纹提花

编织方法：p.57

设计 & 编织：池上舞

尺寸：**30**.10cm×15cm / **31**.10cm×15cm

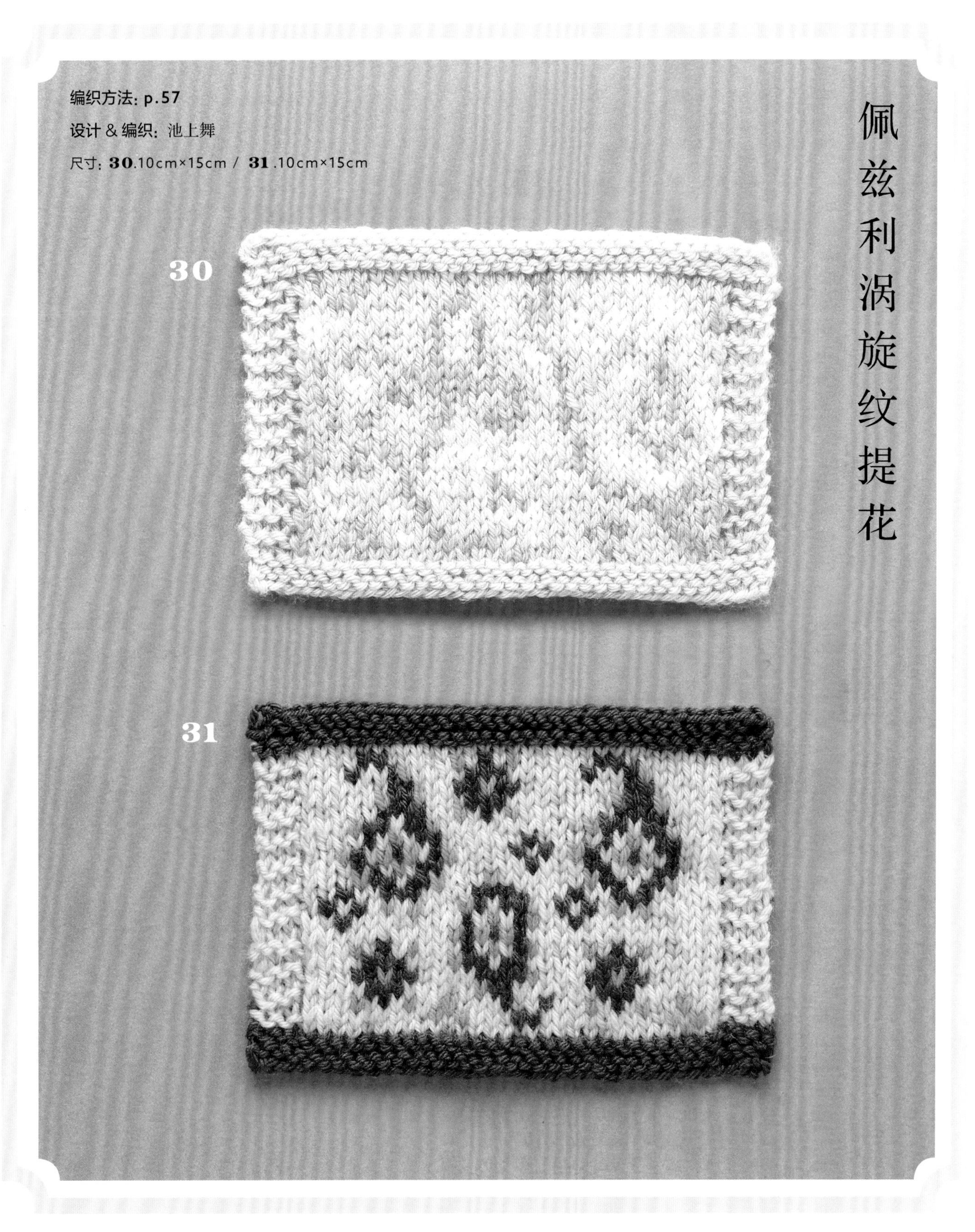

波斯花瓶纹提花

编织方法：p.58

设计 & 编织：沟端裕美

尺寸：**32**.30cm×30cm

格纹提花

编织方法：p.59

设计 & 编织：沟端裕美

尺寸：

33.15cm×15cm

34.15cm×15cm

33

34

有趣的组合提花

编织方法：p.60

设计＆编织：远藤裕美

尺寸：**35**.20cm×10cm / **36**.20cm×10cm

编织方法：p.61

设计 & 编织：远藤裕美

尺寸：**37**.20cm×10cm / **38**.20cm×10cm

圆鼓鼓的立体提花

39

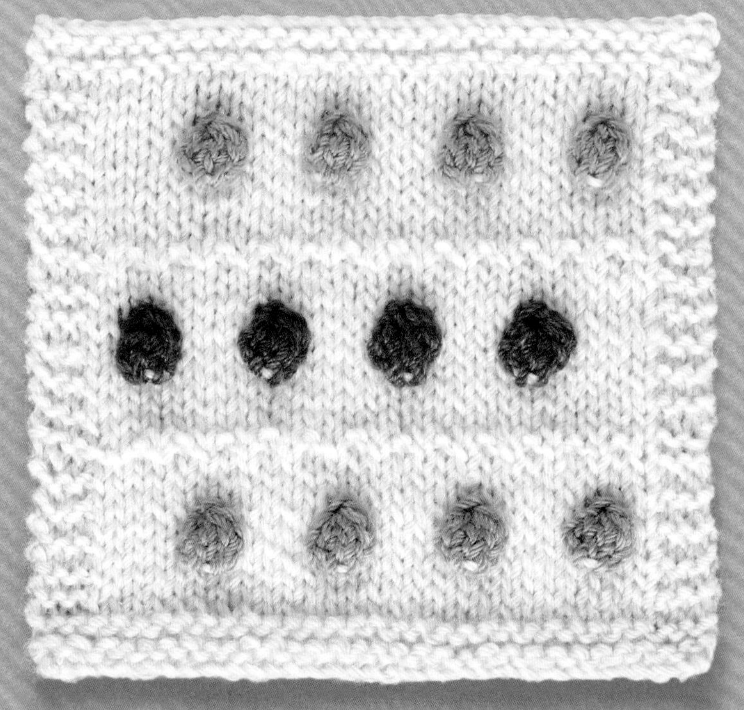

40

编织方法：p.62

设计 & 编织：冈真理子

尺寸：**39**.15cm×15cm / **40**.15cm×15cm

41

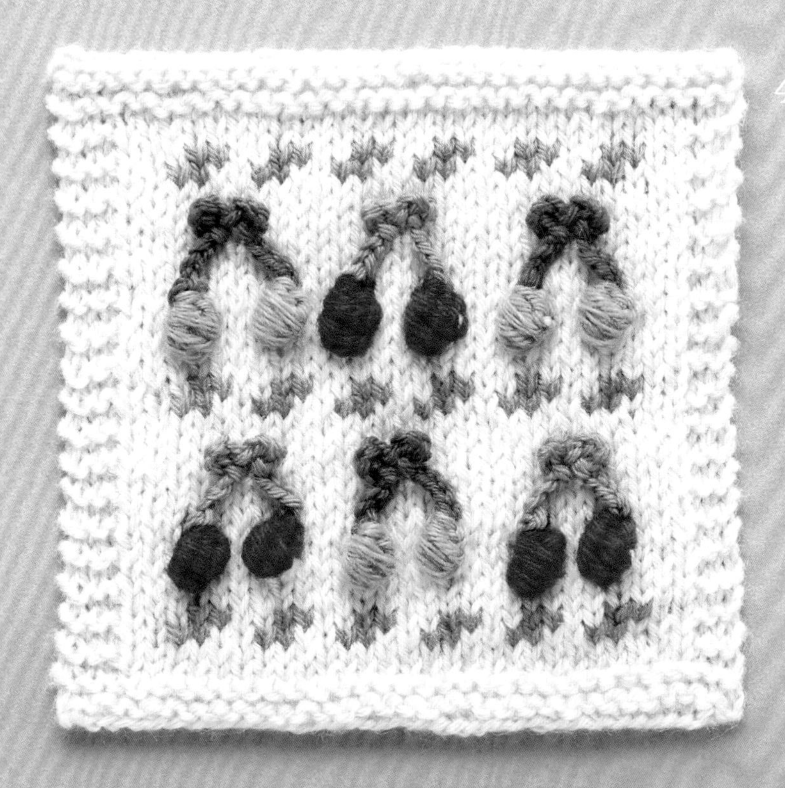

42

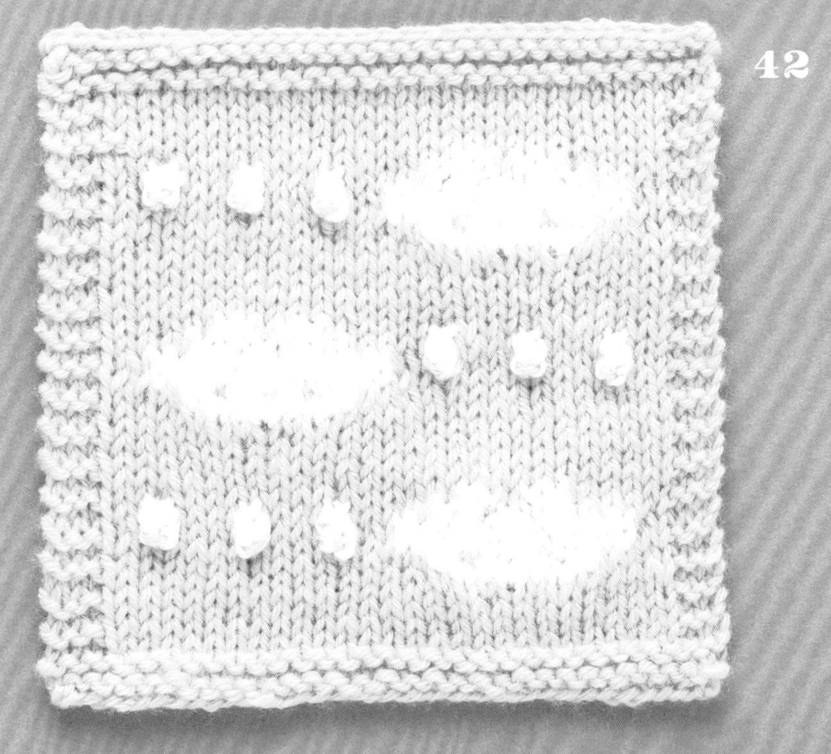

编织方法：p.63

设计＆编织：冈真理子

尺寸：**41**.15cm×15cm / **42**.15cm×15cm

花样编织

下面介绍几款运用本书花样编织的作品。
由不同编织方法和凹凸纹理构成的编织花样，
即使用少数几种颜色的毛线也能表现出丰富多样的效果。
本书在麻花花样和镂空花样的基础上，
还尝试加入了泡泡针和刺绣元素。
这些花样虽然简单，却可以让人感受到织物特有的融融暖意，
也非常适合拿来编织大人使用的作品。

这款衍生作品灵活利用了花样的扇形边缘。像这样厚实温暖的编织花样，也可以多多运用在日常使用的物件中。

提花花样: p.30 (51)

※这款作品实例的配色请参照 p.68

缝合2片横长形的花样，再装上拉链就完成了这款扁平的收纳包。试试用自己喜欢的颜色加上刺绣，制作出专属于自己的收纳包吧！

提花花样：p.36（61）

※这款作品实例的配色请参照p.45

这条迷你盖毯是由花样**46~49**缝合而成。因为拼接的花样各不相同，所以设计中的每个花样的特点都非常鲜明。也可以组合6片或9片花样，缝合成想要的尺寸。

提花花样：p.28（46,47），29（48,49）

泡泡针花样

编织方法：p.64

设计 & 编织：川路由美子

尺寸：**43**.15cm×20cm

43

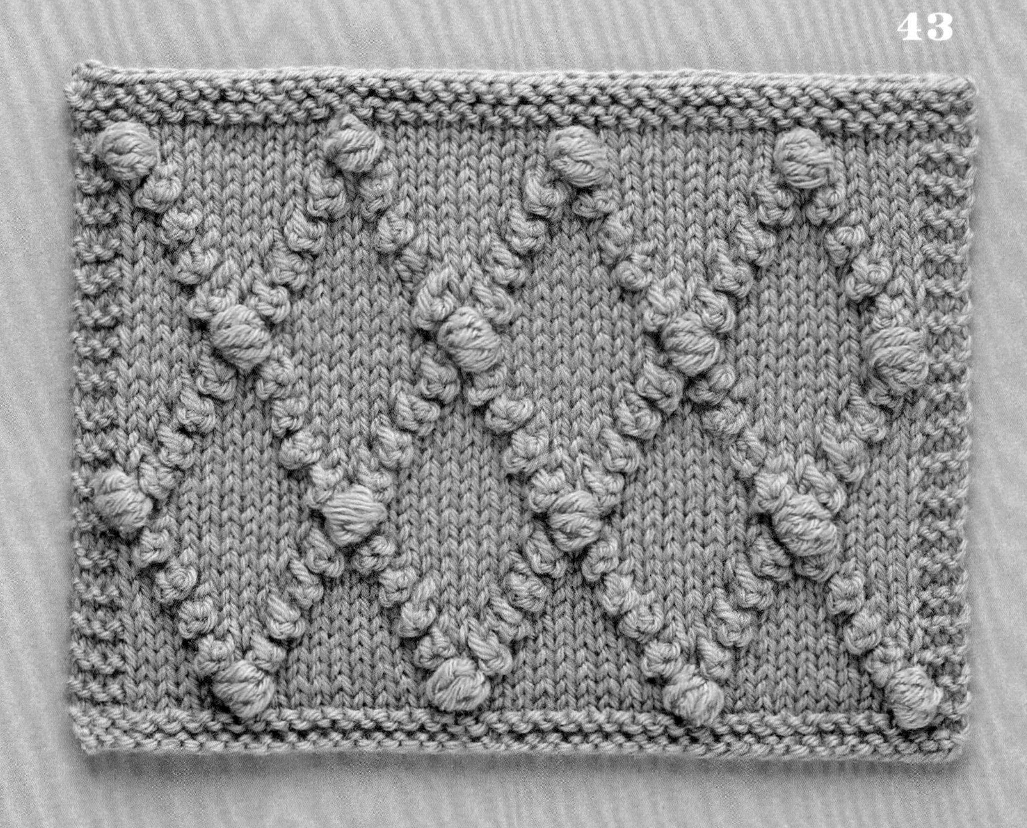

编织方法：p.65

设计 & 编织：川路由美子

尺寸：**44**.10cm×15cm / **45**.10cm×15cm

44

45

阿兰&麻花花样

46

47

编织方法: p.66

设计&编织：河合真弓

尺寸: **46**.15cm×20cm / **47**.15cm×20cm

48

49

编织方法：p.66

设计 & 编织：河合真弓

尺寸：**48**.15cm×20cm / **49**.15cm×20cm

各种花样

编织方法：p.68

设计＆编织：池上舞

尺寸：50.10cm×15cm / 51.10cm×15cm

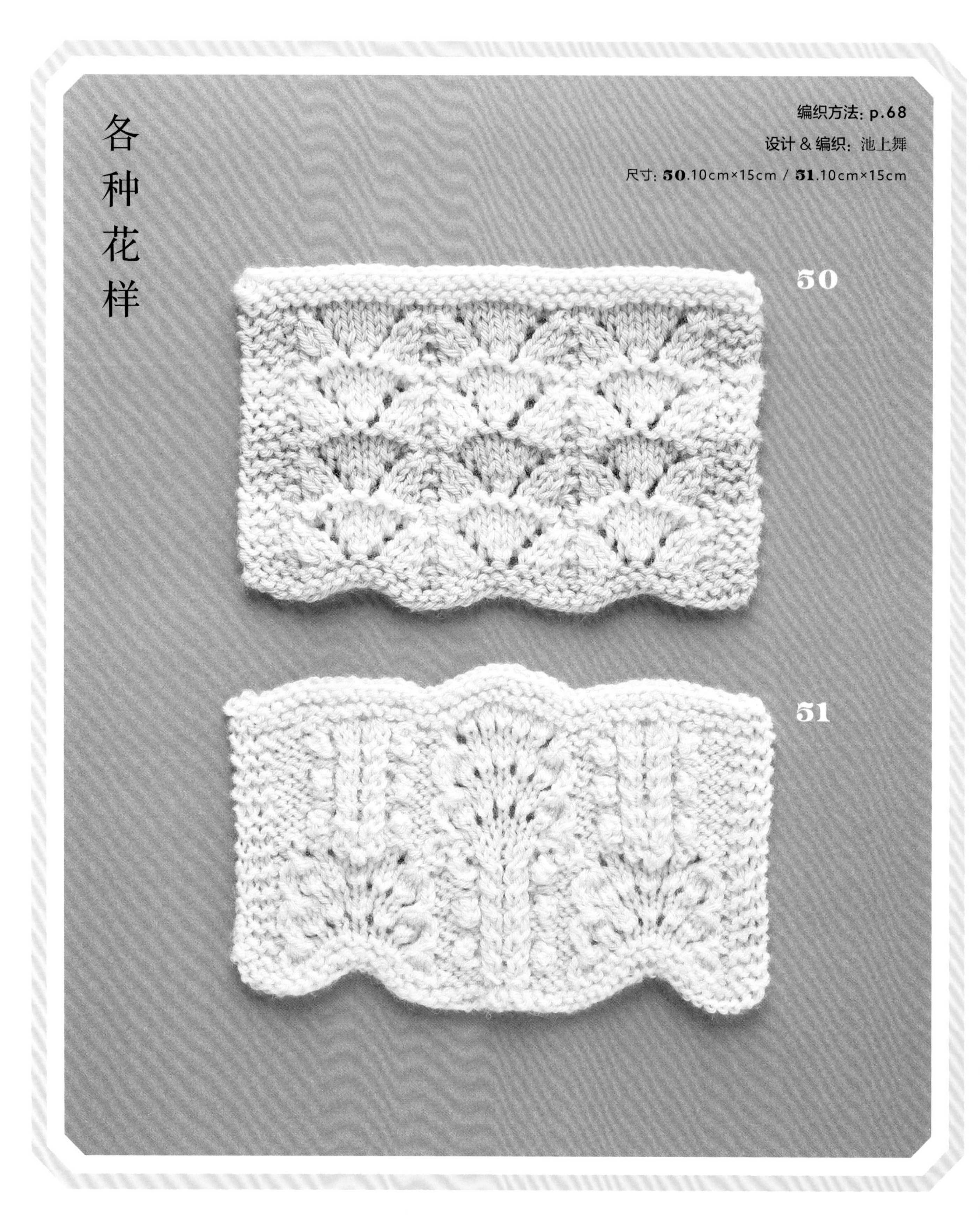

编织方法：p.69
设计＆编织：池上舞
尺寸：52.10cm×15cm / 53.10cm×15cm
52
53

镂空花样

编织方法：p.70

设计 & 编织：河合真弓

尺寸：**54**.15cm×20cm / **55**.15cm×20cm

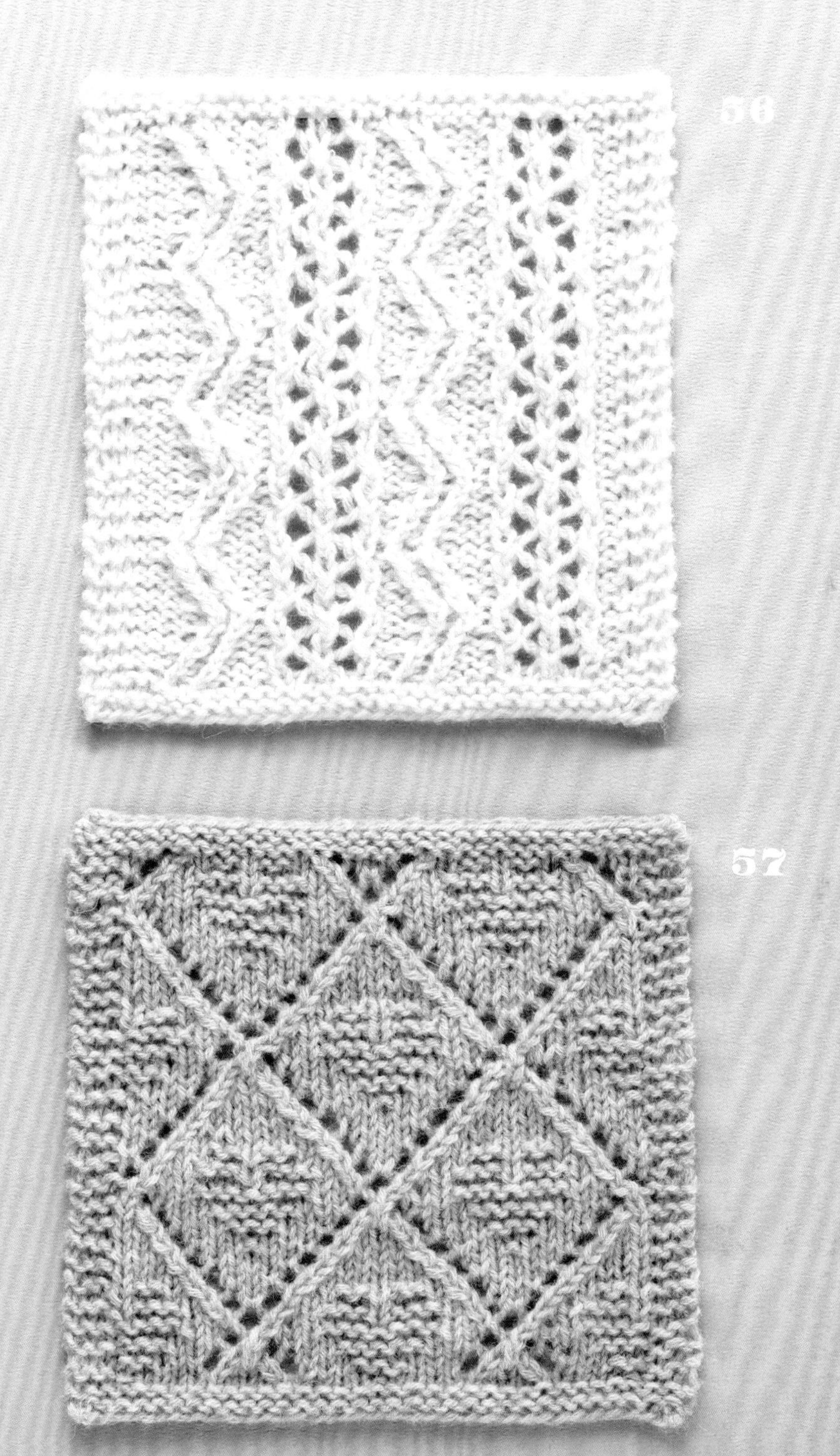

编织方法: p.71

设计 & 编织：河合真弓

尺寸: **56**.15cm×15cm / **57**.15cm×15cm

麻花花样×异色刺绣

58

编织方法：p.72

设计 & 编织：川路由美子

尺寸：**58**.15cm×20cm

编织方法：p.73

设计 & 编织：川路由美子

尺寸：**59**.10cm×15cm / **60**.10cm×15cm

59

60

麻花花样×同色刺绣

编织方法：p.45

设计＆编织：川路由美子

尺寸：**61**.10cm×15cm / **62**.10cm×15cm

61

62

本书使用线材介绍

※图片为实物粗细

[大同好望得株式会社 芭贝事业部]

1 Queen Anny
羊毛 100%，50g/ 团，约 97m，55 色，6~8 号

2 Princess Anny
羊毛 100%（防缩加工），40g/ 团，约 112m，35 色，5~7 号

[和麻纳卡株式会社]

3 Amerry
羊毛 70%（新西兰美利奴羊毛）、腈纶 30%，40g/ 团，
约 110m，53 色，6~7 号

4 Amerry F（粗）
羊毛 70%（新西兰美利奴羊毛）、腈纶 30%，30g/ 团，
约 130m，24 色，4~5 号

5 Exceed Wool L（中粗）
羊毛 100%（使用超细美利奴羊毛），40g/ 团，
约 80m，37 色，6~8 号

6 Merino Wool Fur
羊毛 95%（美利奴羊毛）、锦纶 5%，50g/ 团，
约 78m，8 色，6~8 号

[横田株式会社　达摩]

7 Airy Wool Alpaca
羊毛 80%（美利奴羊毛）、羊驼绒 20%（顶级幼羊驼绒），30g/ 团，
约 100m，13 色，5~7 号

8 Cheviot Wool
羊毛 100%（切维厄特羊毛），50g/ 团，
约 92m，6 色，7~8 号

*自左向右表示为：材质→规格→线长→颜色数→适用针号。
*颜色数为截至 2020 年 12 月的数据。
*因为印刷的关系，可能存在些许色差。

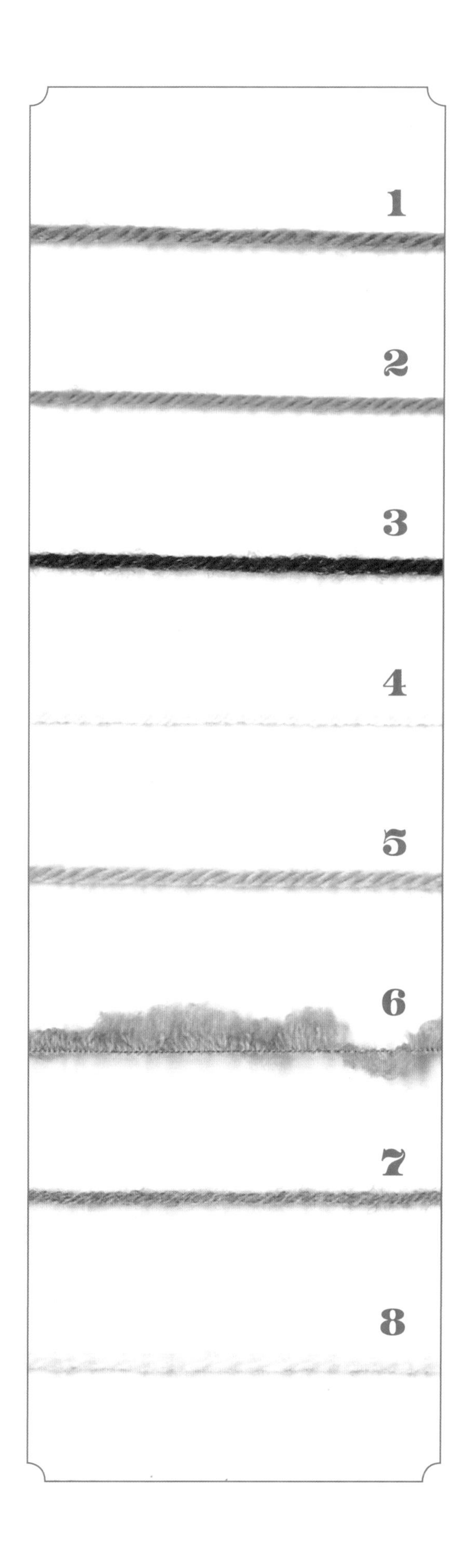

基础教程

花片的连接方法

编织完成的花片既可以单片使用，
也可以多片拼接起来使用。
下面为大家介绍 3 种普通的缝合及接合方法。

在 p.25 的作品实例中，使用以下 2 种连接方法制作完成。

\\\\\\\\ =行与行的卷针缝合

●●●●● =针与针的卷针缝合

卷针缝合（使用缝针）※对齐织片的正面进行缝合。

· 对齐行与行缝合的情况

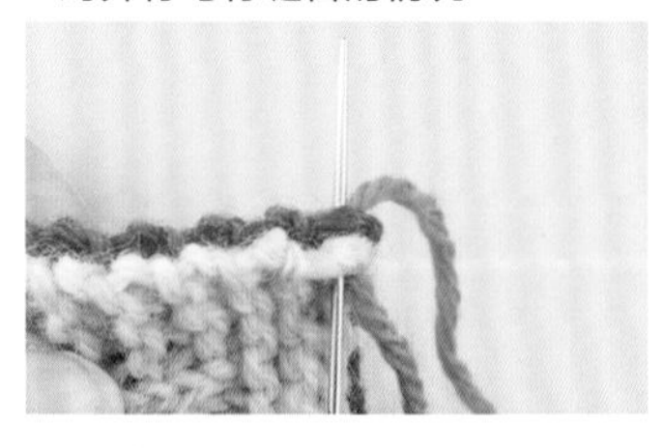

1 将织片反面相对重叠，在边上的针脚里穿 2 次针固定。

2 在每行的 1 针内侧仔细挑针。

3 继续均匀地挑针。

4 一边注意拉线时保持织片的平整，一边做卷针缝合。

· 对齐针与针缝合的情况

1 在边上的针脚里穿 2 次针固定。

2 对齐入针位置，继续均匀地挑针。

· 对齐行与针缝合的情况

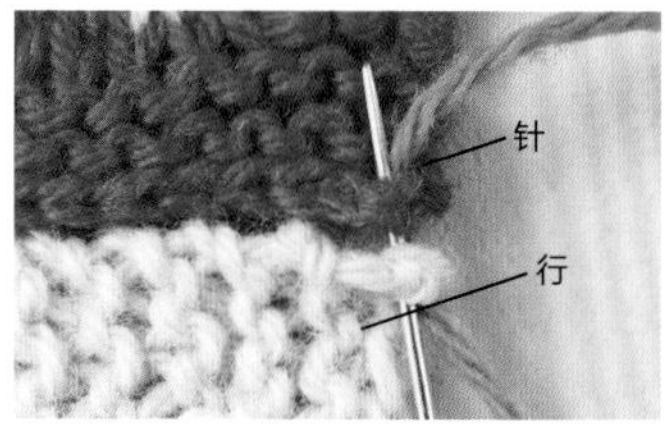

1 织片的边端与其他情况一样，穿 2 次针固定。

2 行数与针数不同时，平均跳过针脚均匀地挑针，注意保持织片的平整。

引拔接合（使用钩针）※将织片正面相对接合。行与行、行与针的情况也按相同要领接合。

· 针与针的情况

1 将织片正面相对重叠，对齐边上的针脚插入钩针，挂线后拉出。

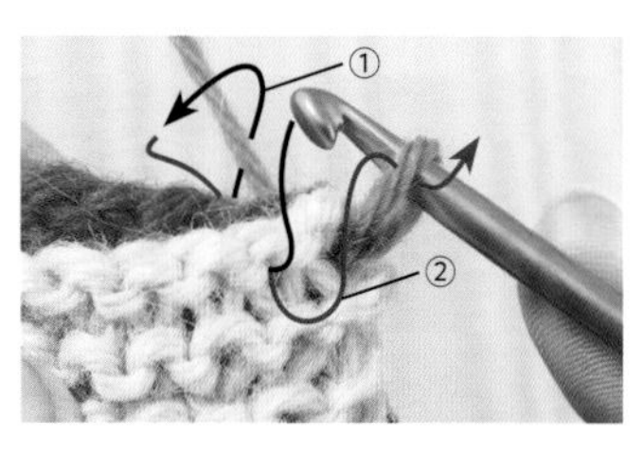

2 如箭头①所示在下个针脚里插入钩针，挂线，一次性引拔从针头右边的 1 针里拉出。

3 重复"插入钩针挂线，一次性引拔"。

4 上图是反面，下图是翻回正面的状态。注意拉线时不要太紧。

挑针缝合（使用缝针）※对齐织片的正面进行缝合。

· 缝合起伏针的行与行的情况 ※步骤1~3中，为了便于理解线的走势，特意将线放得比较松进行说明。

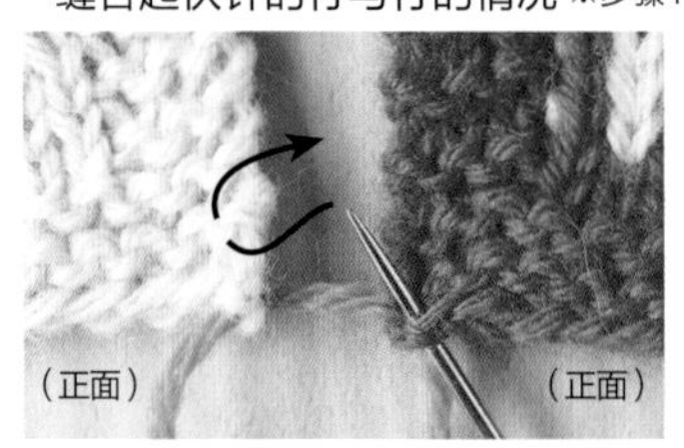

1 在左右 2 个织片的起针针脚里插入缝针。如箭头所示，在左侧 1 针内侧的下线圈里挑针。

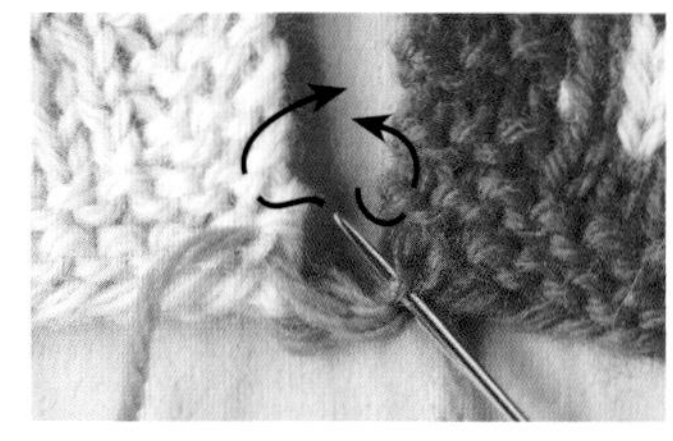

2 接着在右侧半针内侧的上线圈里挑针。按相同要领，交替在左右针脚里逐行挑针。

3 挑针缝合几行后的状态。

4 实际操作时，如图所示将线拉至看不见缝合线迹。注意不要拉得太紧，要保持织片的平整。

通用的定型方法

熨烫定型

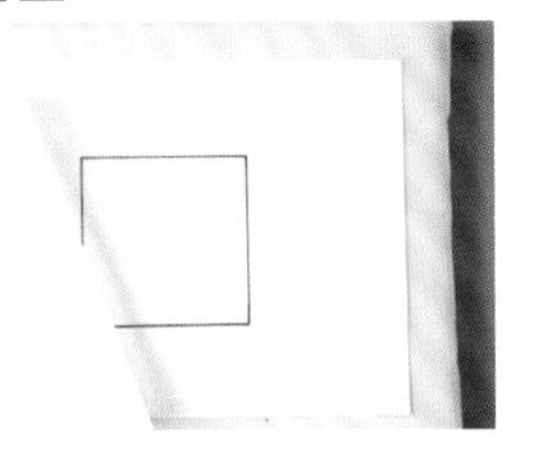

1 依次将画好指定尺寸图形的纸、描图纸放在熨烫台上。放上描图纸是为了防止图形的铅笔或钢笔印迹蹭到织片。

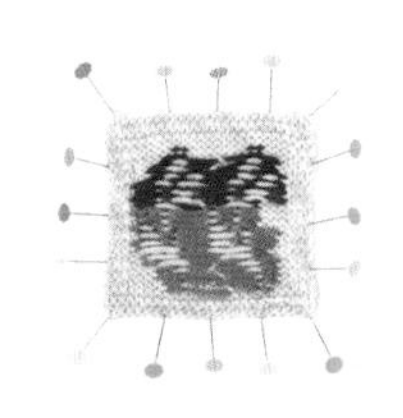

2 将织片反面朝上放在步骤1的纸上，对齐图形后插上定位针。

3 将熨斗悬空喷上蒸汽进行熨烫。等织片的热度冷却后再取下定位针。需要注意的是，如果还没冷却就取下定位针，整理好的织片可能会恢复原状。

▶ 符号图的看法

符号图表示的全部是从正面看到的织物状态，根据日本工业标准（JIS）制定。
一般情况下，用棒针做往返编织时，
奇数行看着织物的正面，按符号图从右往左编织。
偶数行则看着织物的反面，按符号图从左往右编织相反的针法。
（比如：符号图中是下针时编织上针，上针时编织下针，扭针时编织上针的扭针。）
本书中，起针行计为第1行。

▼ 花样的活用方法

本书中，当作品由重复的花样组成时，如右图所示，用粗框表示1个花样。
通过重复编织1个花样至喜欢的长度和宽度，也可以创作出连续花样的作品。

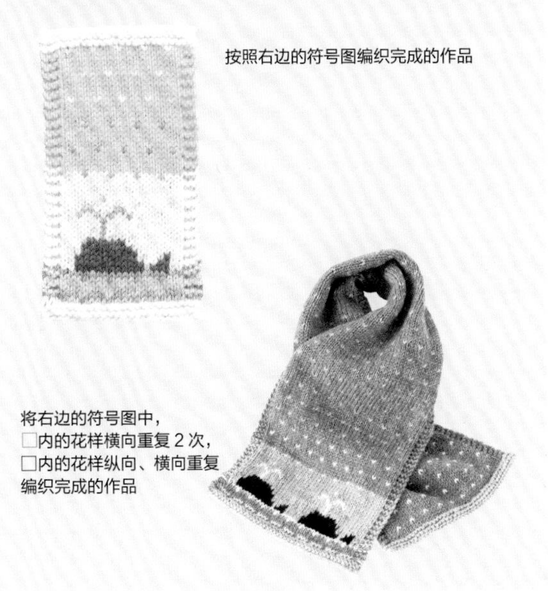

按照右边的符号图编织完成的作品

将右边的符号图中，
□内的花样横向重复2次，
□内的花样纵向、横向重复编织完成的作品

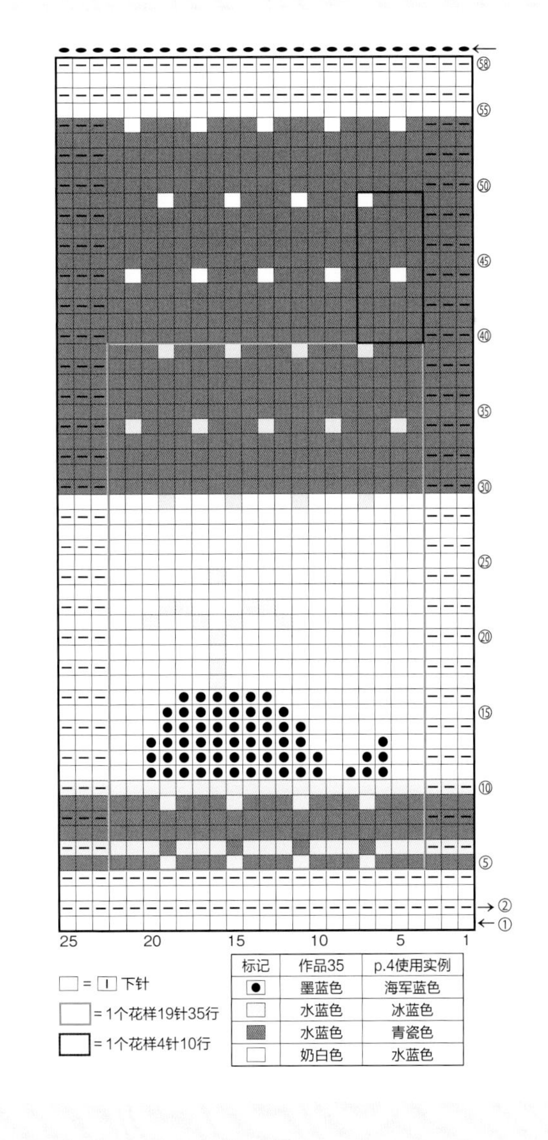

标记	作品35	p.4使用实例
●	墨蓝色	海军蓝色
□	水蓝色	冰蓝色
■	水蓝色	青瓷色
□	奶白色	水蓝色

重点教程

4 郁金香的提花编织 图片:p.7 编织方法:p.47

提花花样的编织方法(横向渡线的方法)

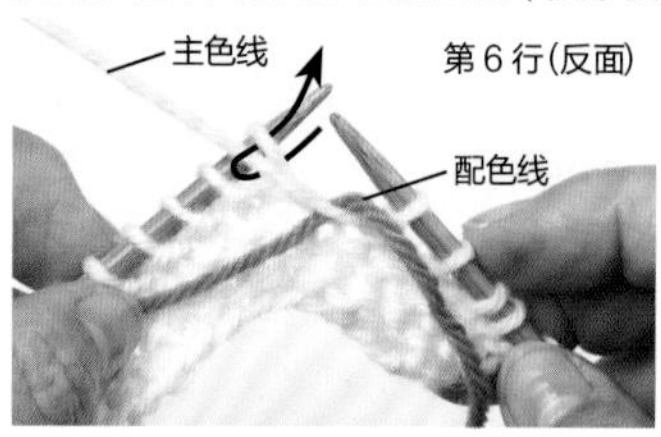

1 在换成配色线编织的前一针(第6针),将绿色线(配色线)挂在白色线(主色线)上。

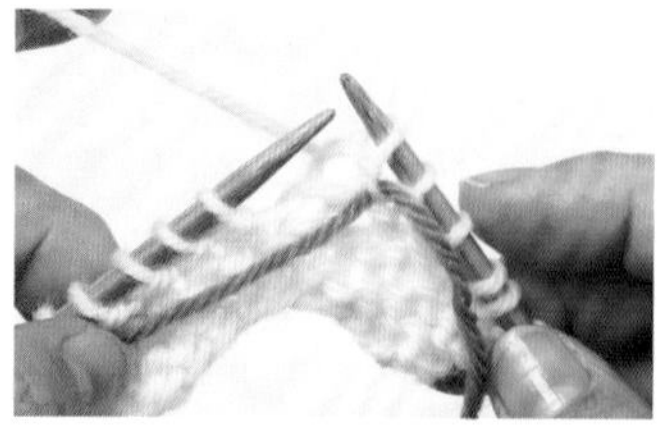

2 如步骤1的箭头所示编织第6针。这样就固定了绿色线(配色线)的线头。

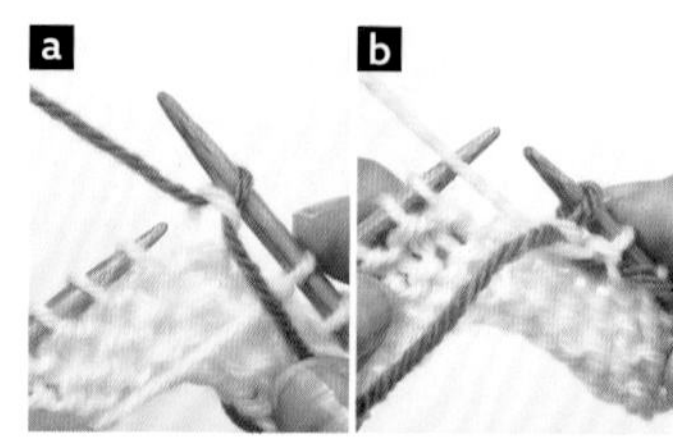

3 接着用绿色线编织1针(a)。将白色线(主色线)从绿色线(配色线)的下方拉过来编织(b)。

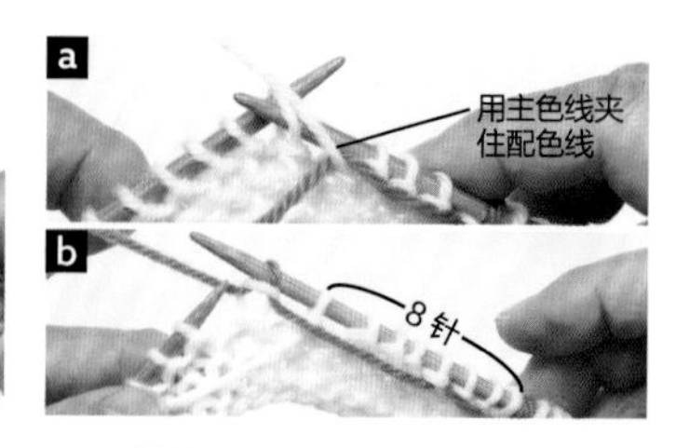

4 接着用白色线编织8针,注意配色线的渡线较长时,可以在中途用主色线夹住配色线编织(a)。b是经过8针渡线,在下一针再次换成配色线后的状态。

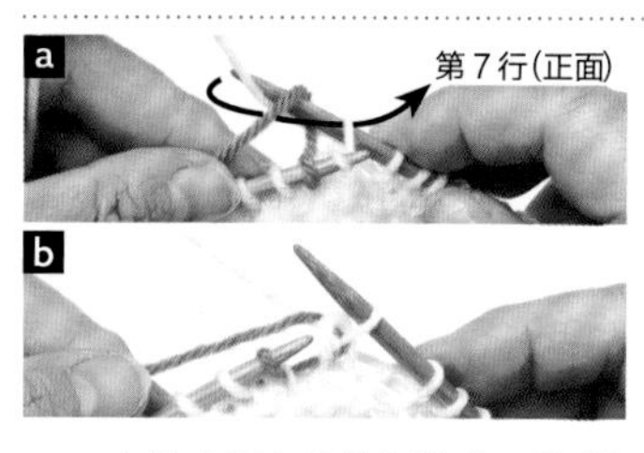

5 在换成配色线编织的前一针(第9针),将绿色线(配色线)挂在白色线(主色线)上。b是挑出白色线,换成配色线的前一针完成后的状态。

6 用绿色线(配色线)编织下针。

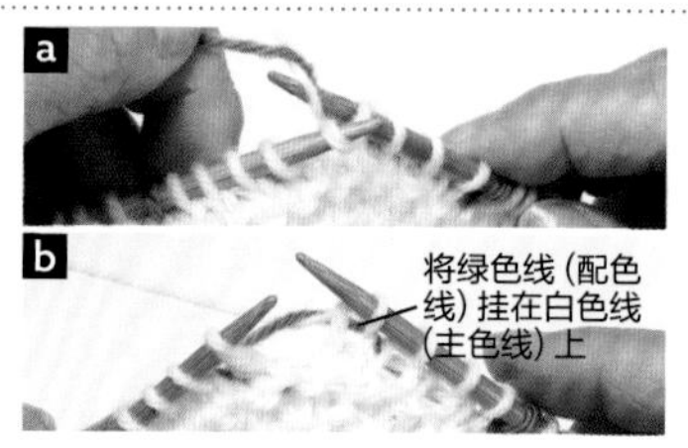

7 接着用白色线编织8针,注意配色线的渡线较长时,可以在中途用主色线夹住配色线编织。

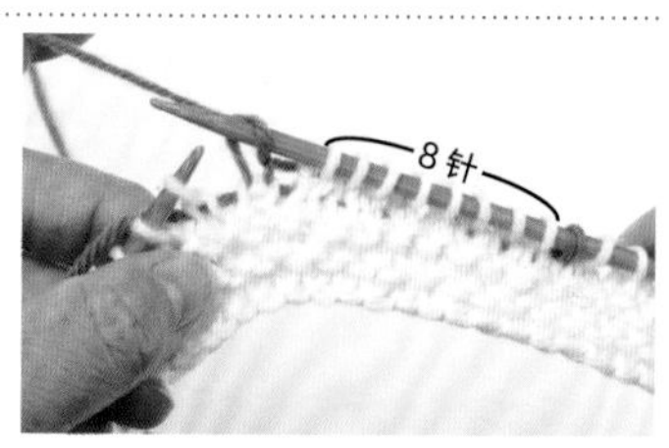

8 用绿色线(配色线)编织下针。

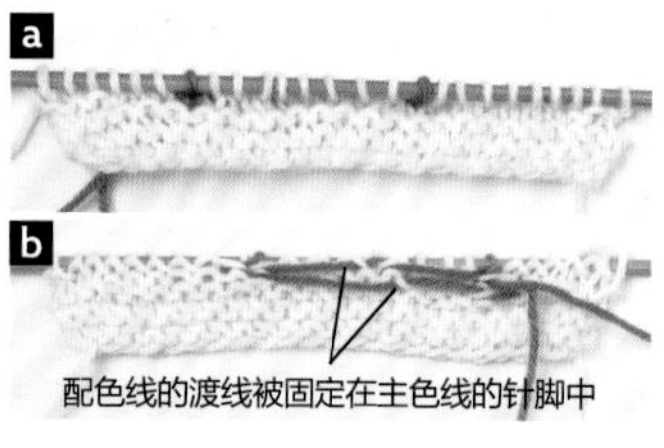

9 编织至第7行后的状态。注意渡线不要拉得太紧或太松。

25 豹纹的提花编织 图片:p.14 编织方法:p.54

提花花样的编织方法(多色横向渡线的方法)

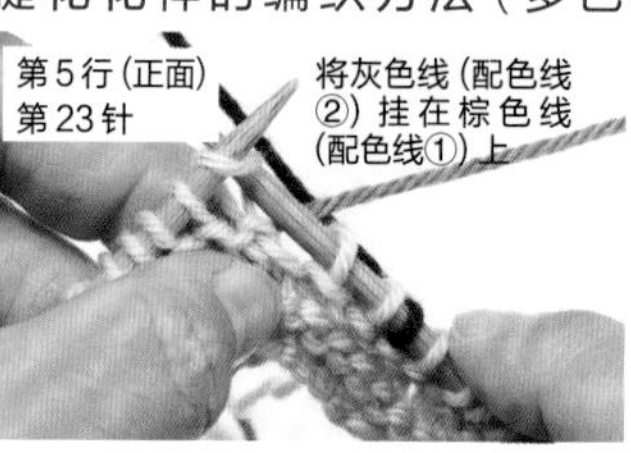

1 按作品4相同要领,编织至第22针。编织第23针时,将灰色线(配色线②)挂在棕色线(配色线①)上。

2 第23针(配色线①)完成后的状态。

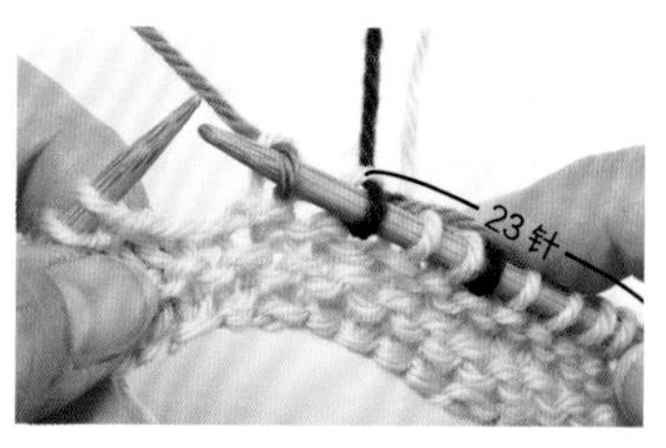

3 第24针用灰色线(配色线②)编织1针,这样就在1行中加入了3种颜色的线。

4 编织第4针时,将棕色线和灰色线挂在米色线上。

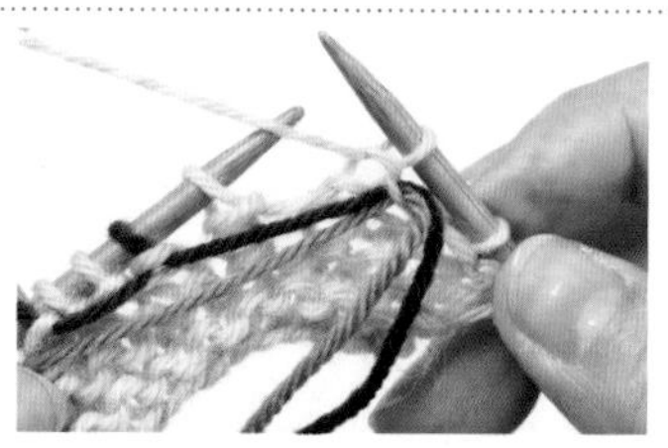

5 第4针完成后的状态。配色线①、②被固定在了米色线(主色线)的针脚中。

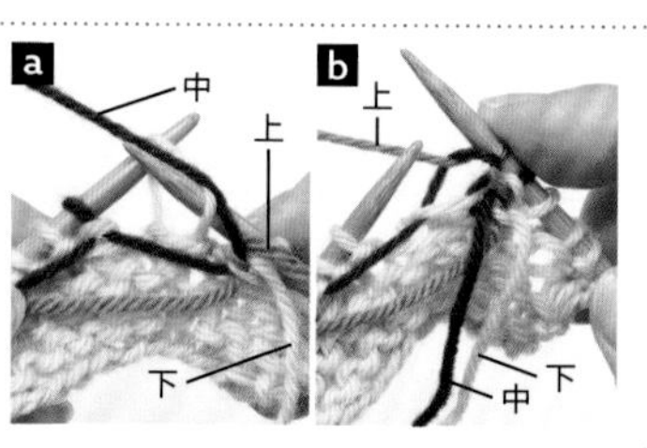

6 用棕色线(配色线①)编织第5针(a)。第6针从棕色线的上方拉过灰色线(配色线②)编织。

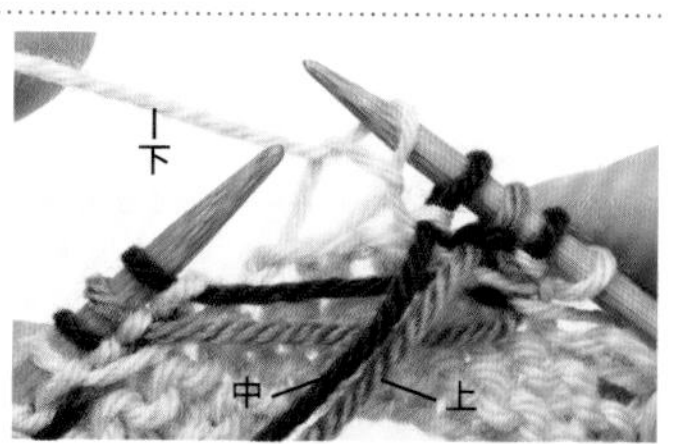

7 第7针从灰色线的下方拉过棕色线编织。第8针从棕色线和灰色线的下方拉过米色线编织。像这样确定每根线的位置后编织,线就不容易缠在一起。

11 帆船的提花编织 图片:p.9 编织方法:p.49

提花花样的编织方法（纵向渡线的方法）

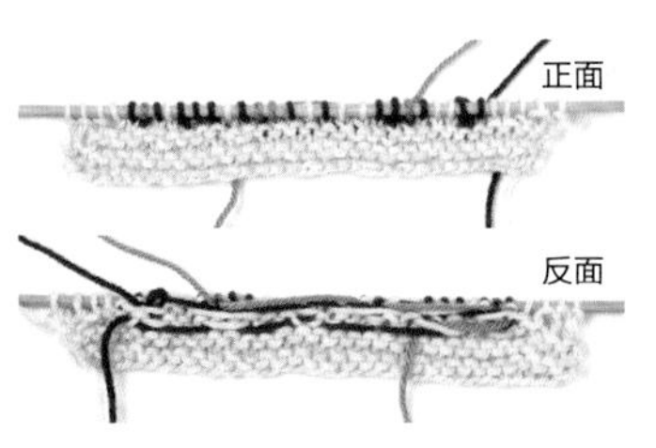

8 编织至第6行后的状态。

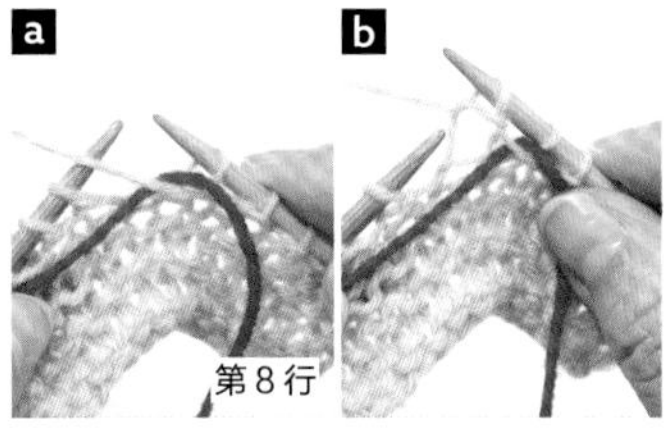

1 在换成红色线（配色线）编织的前一针，将红色线挂在浅蓝色线上编织。

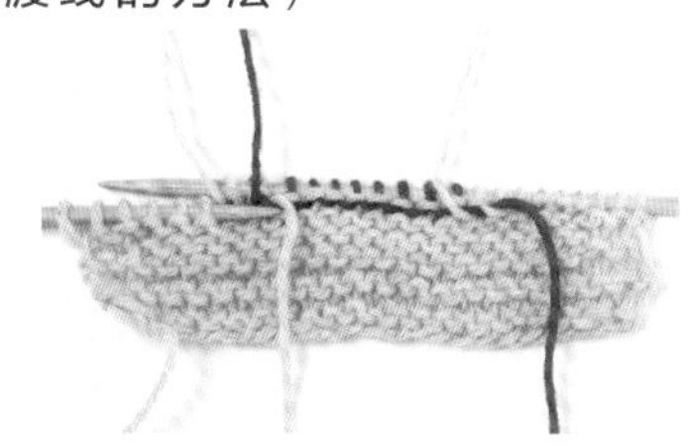

2 用配色线编织完成后，在1行中加入3根线的状态。

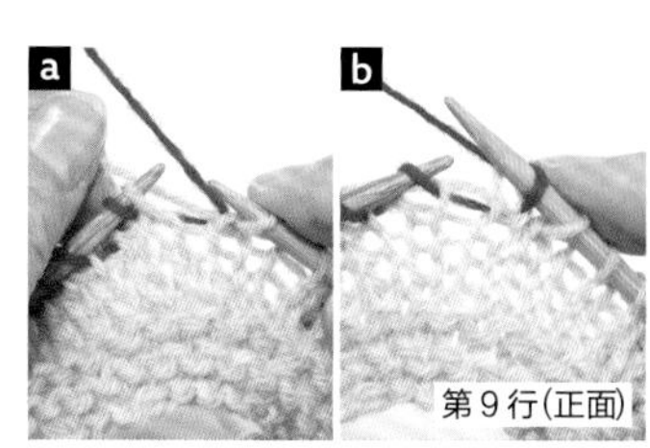

3 编织下一行时，第一次换成红色线前，先将浅蓝色线挂在红色线上，相当于将红色线与浅蓝色线交叉固定。

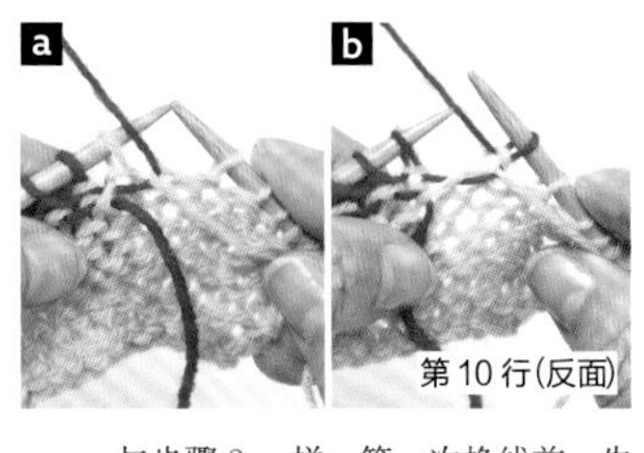

4 与步骤3一样，第一次换线前，先将浅蓝色线挂在红色线上再编织。

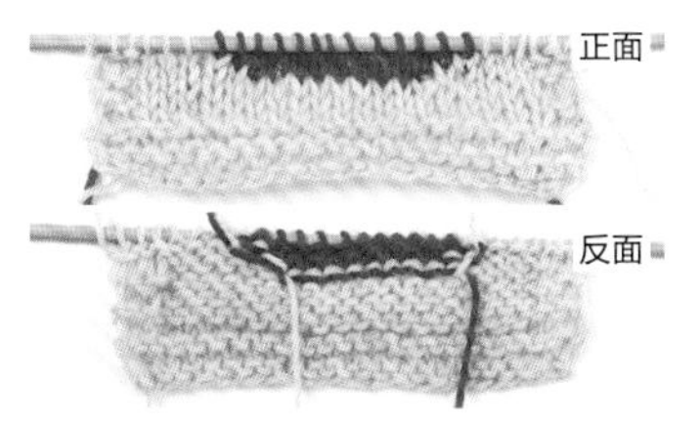

5 编织至第10行后的状态。用浅蓝色线编织时，将红色部分夹在中间，分成左、右2根线编织。

34 格纹的提花编织 图片:p.19 编织方法:p.59

引拔针

1 主体部分编织完成后的状态。

2 在中心针脚的正中间（※）插入钩针，如箭头所示将线拉出。

3 在针头挂线拉出后的状态。

4 在上面1行的针脚里插入钩针，参照步骤3拉出线，再如箭头所示引拔。

5 1针完成后的状态。

6 重复步骤3~5，继续逐行引拔。

39 糖果的提花编织 图片:p.22 编织方法:p.62

放针的加针（13针）

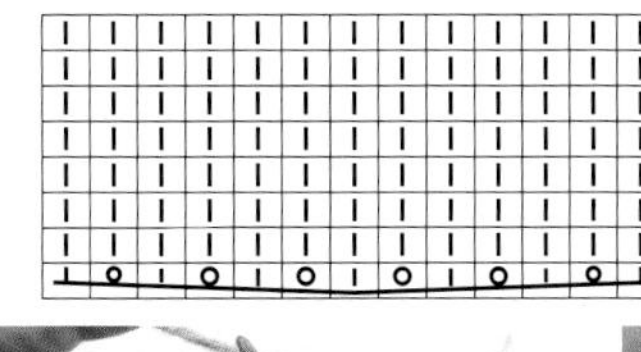

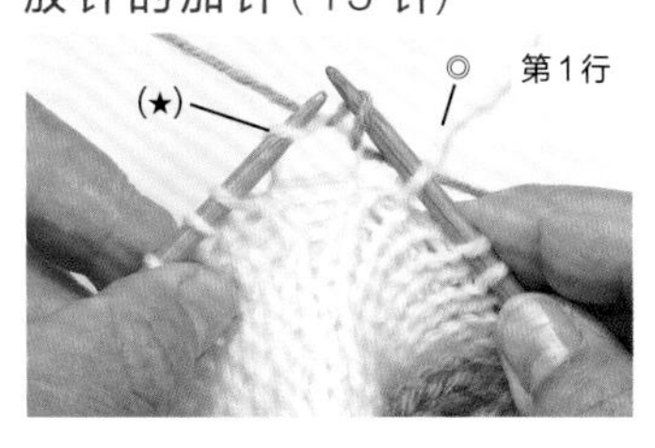

1 在前一行指定的1针（★）里重复编织“下针”和“挂针”，增加至13针。首先插入右棒针编织下针，注意线圈（★）保留在左棒针上。

a (★)

b 下针 挂针 下针

2 接着挂针（a），继续在同一针（★）里编织下针。图b是从1针中放出3针后的状态。

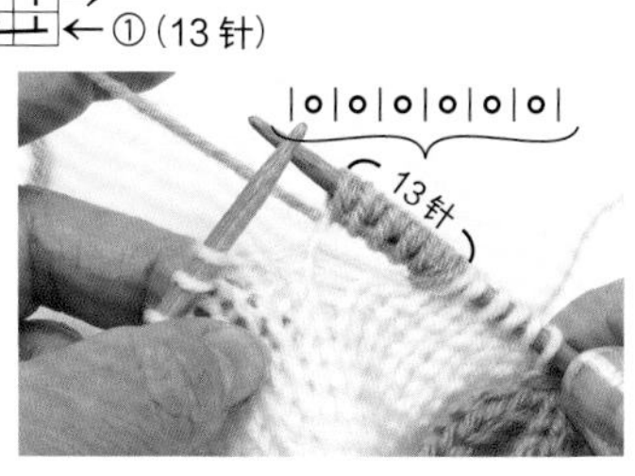

3 按步骤2相同要领，交替重复编织下针和挂针，一共编织13针（相当于在1针里编织了13针）。

4 第2行的糖果部分（13针）全部编织上针。接下来，一边交换主色线和糖果用线，编织下针和上针至第8行。

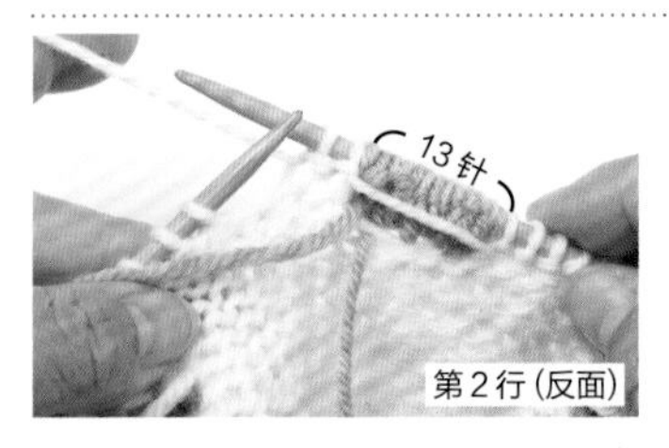

5 换成主色线(◎)，在剩下的线圈里编织上针。此时拉紧渡线，效果会更好看。

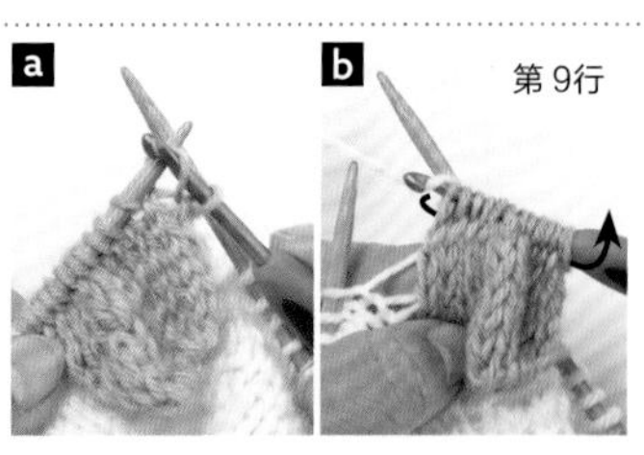

6 编织第9行时，将糖果部分的13针全部不编织，移至钩针上(a)。将主色线挂在钩针上，一次性引拔(b)。

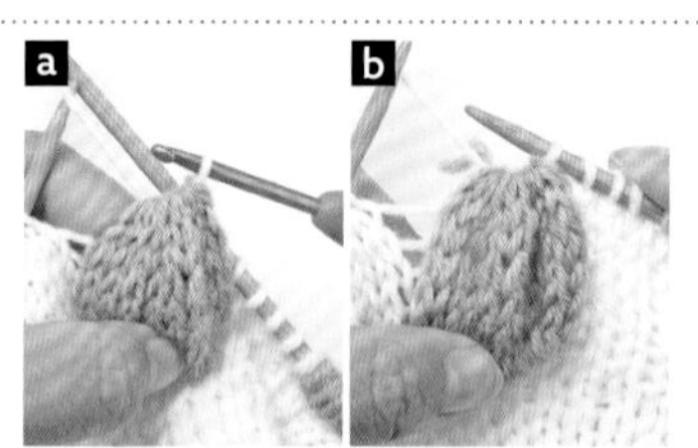

7 将引拔后的针(a)移至右棒针上(b)。

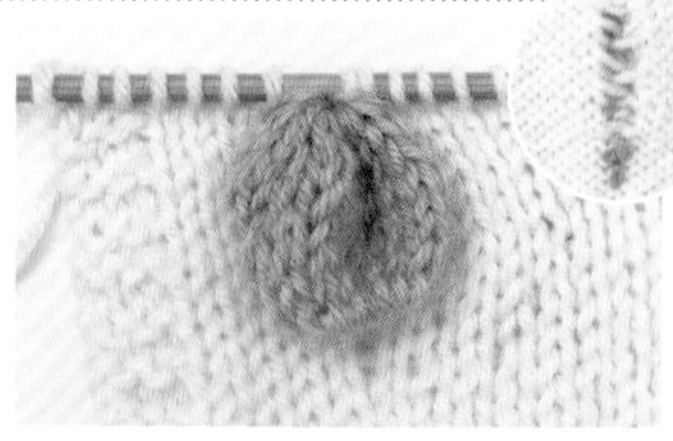

8 1颗糖果编织完成后的状态。右上图是糖果部分完成后的反面效果。

下针刺绣

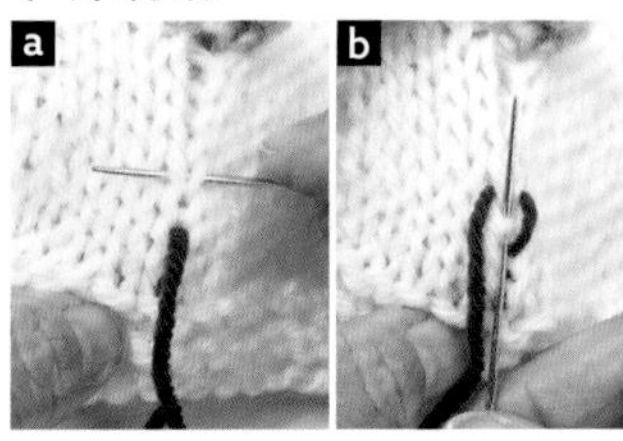

1 从准备做刺绣的针脚中心出针，在上面1行针脚的根部穿针(a)。在刚才出针处入针，在下个针脚的根部出针。

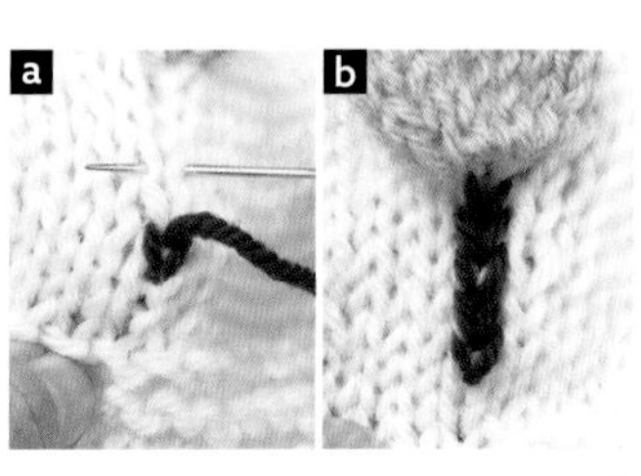

2 重复步骤1做5针的下针刺绣。b是下针刺绣完成后的状态。

41 樱桃的提花编织 图片:p.23 编织方法:p.63

茎部的编织方法

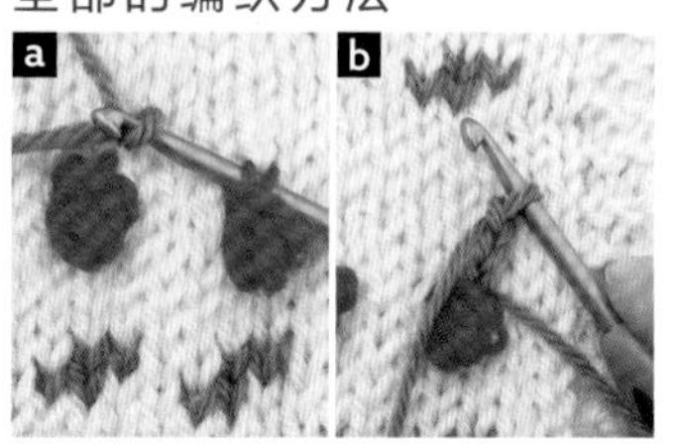

1 在果实编织终点的针脚里引拔，加入茎部用线，接着钩织3针锁针。

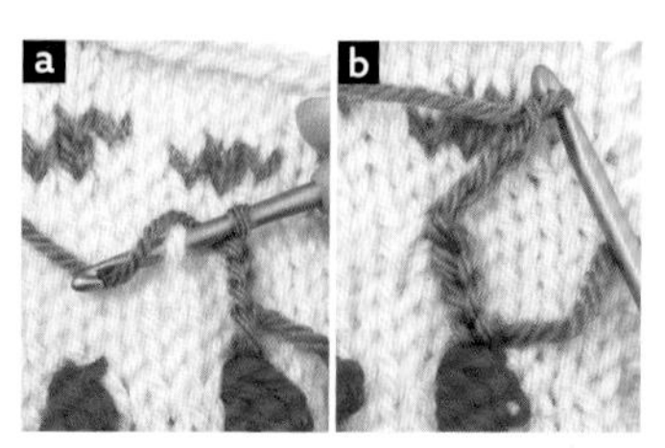

2 在指定位置引拔固定茎部，接着钩织叶子的4针锁针。

3 在步骤2中引拔的同一个针脚里引拔，按相同方法钩织叶子，再次在同一个针脚里引拔。

4 钩织茎部的3针锁针。

5 在左侧果实编织终点的针脚里引拔固定茎部，在反面做好线头处理。

43 泡泡针格纹的提花编织 图片:p.26 编织方法:p.64

放针

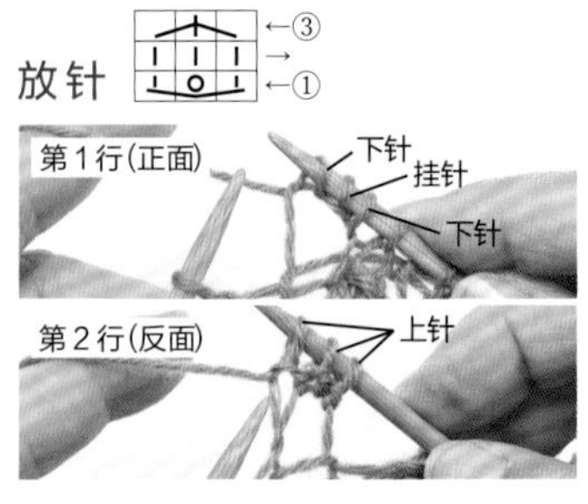

1 在前一行的1针里按"下针、挂针、下针"编织3针(正面)。直接翻面，在3针里编织上针(反面)。

中上3针并1针

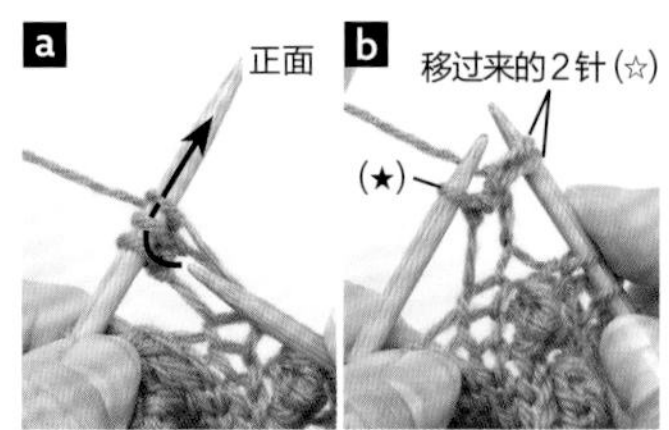

1 再次翻回正面，如箭头所示在2针里一起插入右棒针，不编织，将这2针移至右棒针上。

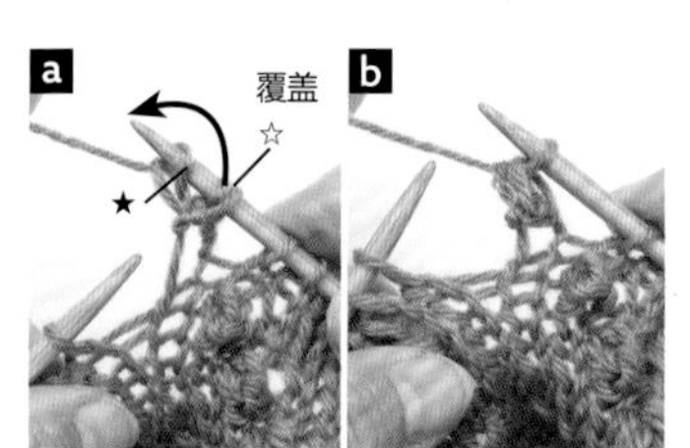

2 在剩下的1针(★)里编织下针，再将步骤1中移至右棒针上的2针(☆)覆盖在★上就完成了。

枣形针的固定方法

1 用钩针另外钩织好2针长针的枣形针(如右上图所示)。从指定位置的反面往前插入钩针，将枣形针的线头向后拉出。

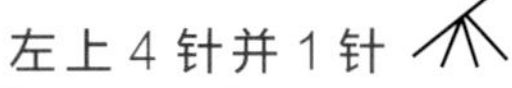

2 按相同要领将下端的线头拉出，在反面打结固定。右上图是固定枣形针后的状态（正面）。

左上4针并1针

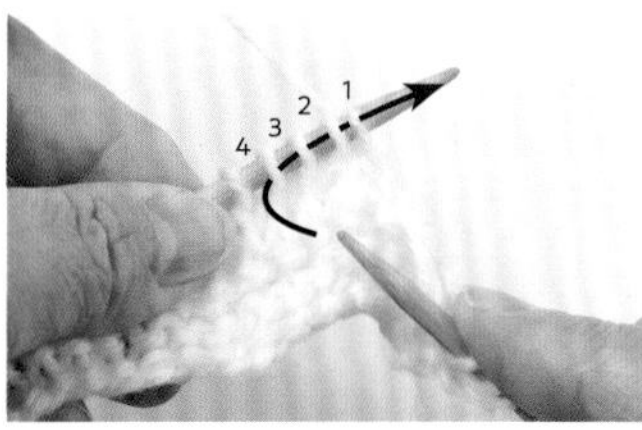

1 如箭头所示，在左棒针的4针里一起插入右棒针，编织下针。

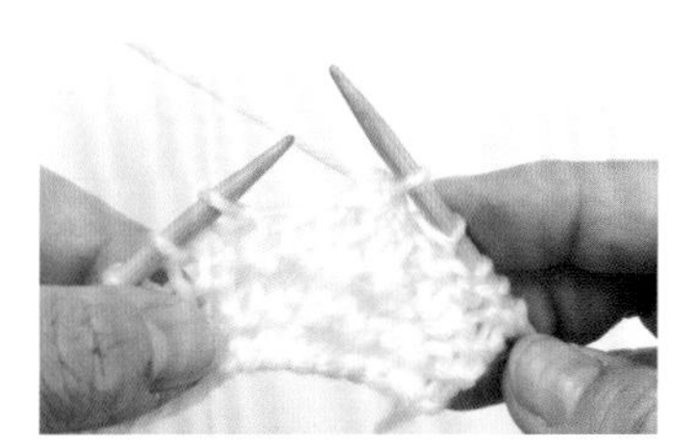

2 编织完成后的状态。

右上4针并1针

1 左棒针上的线圈1不编织，直接移至右棒针上。接着如箭头所示，在线圈4、3、2里一起插入右棒针编织3针并1针。

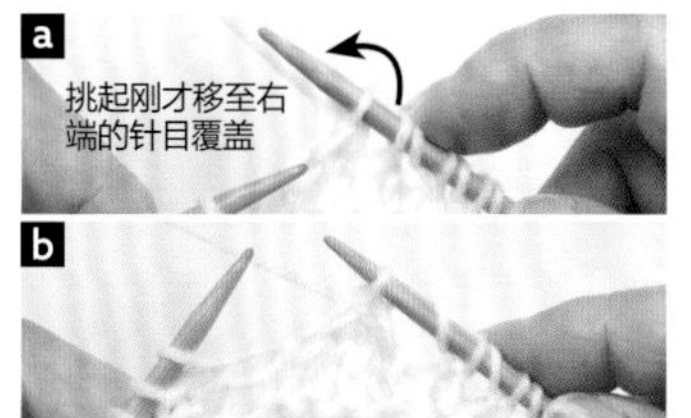

2 将步骤1中移过来的线圈1覆盖在刚才编织3针并1针后的线圈上。（b）是4针并1针完成后的状态。

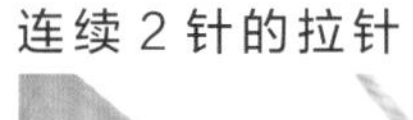

连续2针的拉针

1 将粉红色线挂在右棒针上，接下来的2针不编织，直接移至右棒针上。

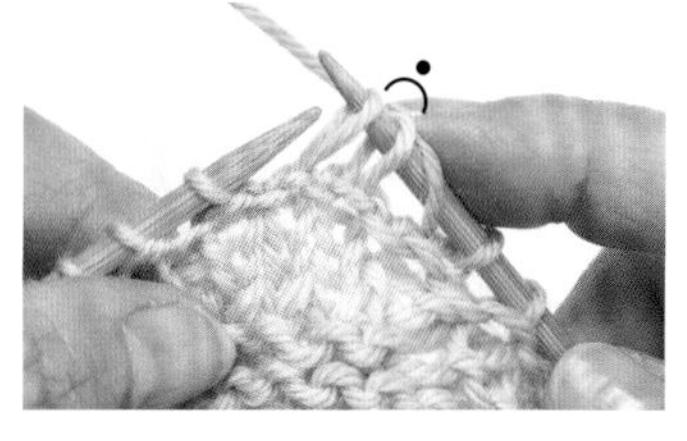

2 将灰色线的2针移至右棒针后的状态。

3 编织1行后的状态。

4 编织至前一行的步骤1~2的前一针，将粉红色线挂在右棒针上。

5 接下来的2针不编织，直接移至右棒针上。

6 编织1行上针后的状态。第19、20行也按步骤1~5相同要领编织。

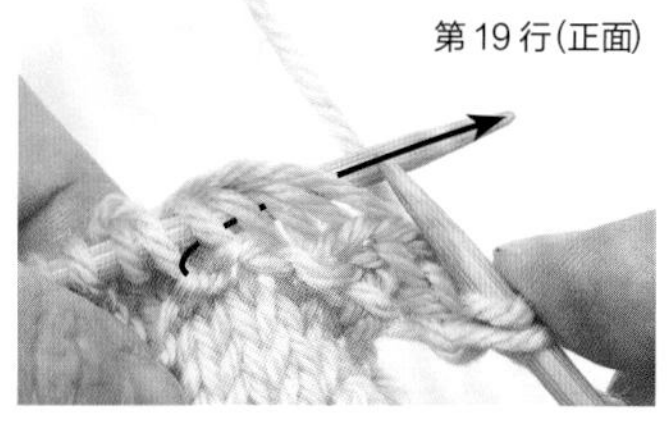

7 如箭头所示插入右棒针，在5根线里一起编织下针。

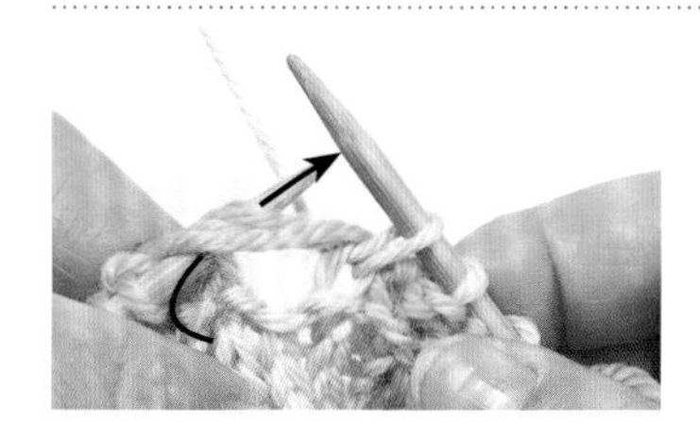

8 下一针也如箭头所示插入右棒针，在左棒针的粉红色挂线以及灰色线的第2针里一起编织。

9 拉针完成后的状态。

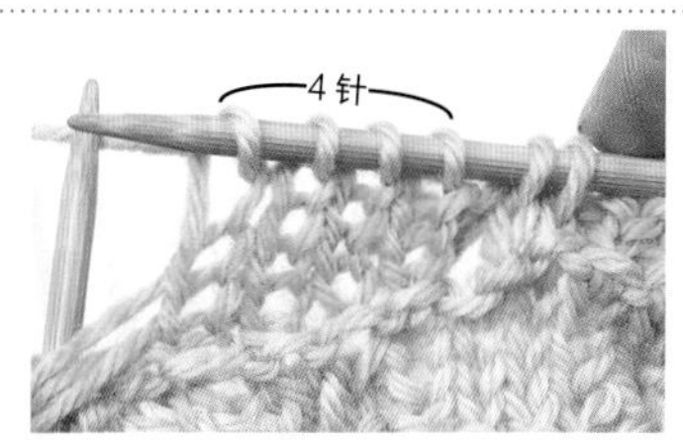

10 接下来的4针编织下针，2针有挂针的地方重复步骤7~9编织。

11 1个花样编织完成后的状态。

54 花朵的镂空花样 图片:p.32 编织方法:p.70

扭针

看着织物的正面编织时（扭转线圈编织下针）

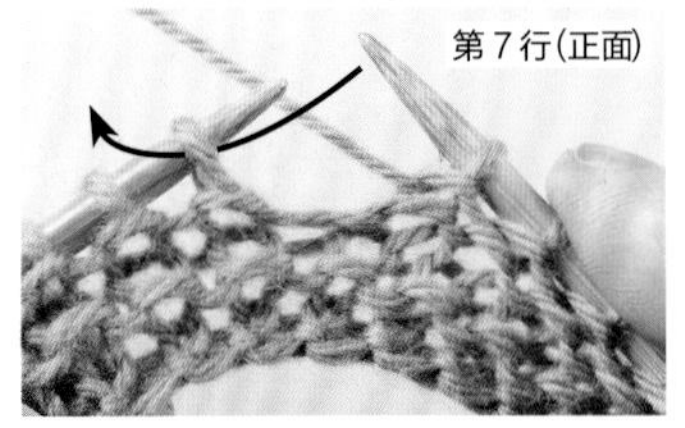

1 如箭头所示，在后侧插入右棒针。

2 编织下针（a）。扭针完成后的状态。下方的针脚呈扭转状态（b）。

看着织物的反面编织时（扭转线圈编织上针）

※符号图中为正面看到的状态，使用符号表示。因为是看着反面编织的行，所以按（上针的扭针）编织。

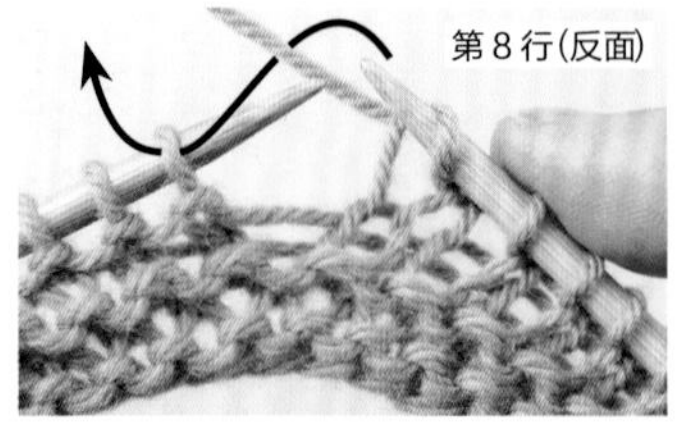

1 如箭头所示，从后侧插入右棒针。

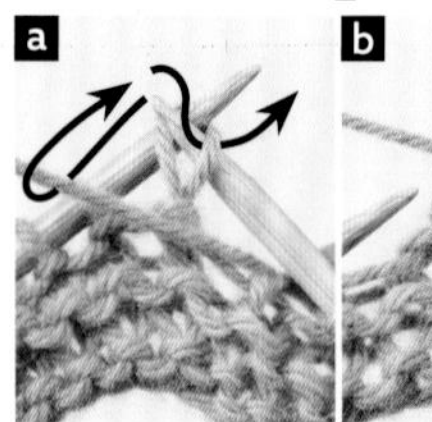

2 编织上针。b是上针的扭针编织完成后的状态。下方的针脚呈扭转状态。

56 锯齿的镂空花样 图片:p.33 编织方法:p.71

编织交叉针时，使用“麻花针”工具会更加方便。麻花针有2种形状，交叉针针数比较少时，使用U字形麻花针（图片上方）更容易编织。

1针扭针与1针上针的左上交叉

1 编织至第13针后，下一针不编织，将其移至麻花针上。

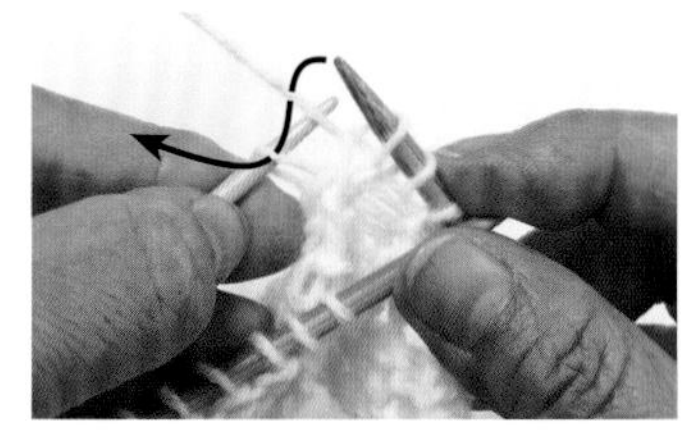

2 将麻花针放在织物的后面休针，如箭头所示在下一针里插入右棒针，扭转线圈编织下针。

3 编织扭针后的状态。

4 在移至麻花针上的线圈里编织上针。

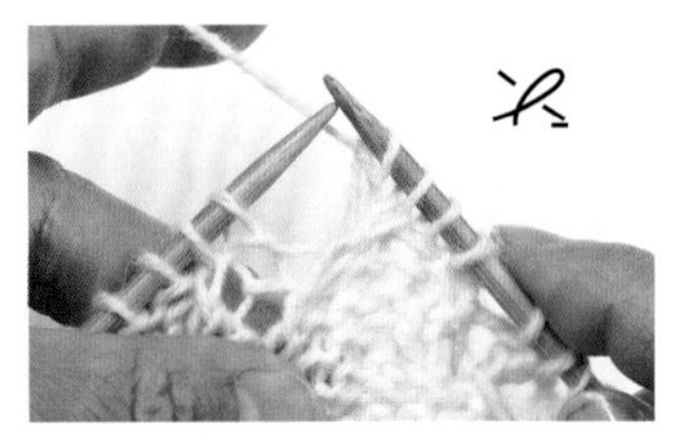

5 “1针扭针与1针上针的左上交叉”完成后的状态。

1针上针与1针扭针的右上交叉

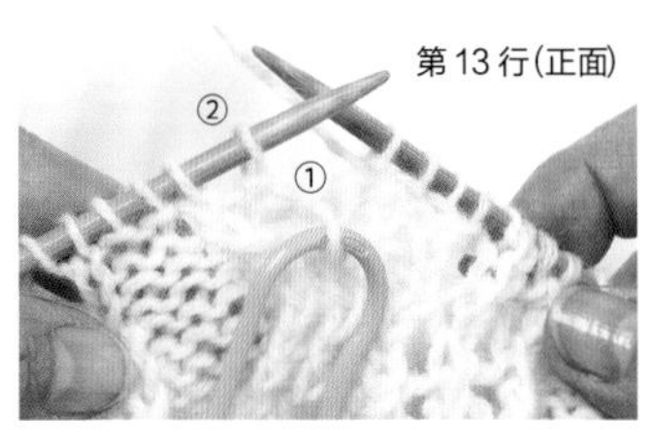

1 与“1针扭针与1针上针的左上交叉”一样，第1针不编织移至麻花针上，放在织物的前面休针。在下一针（②）里编织上针。

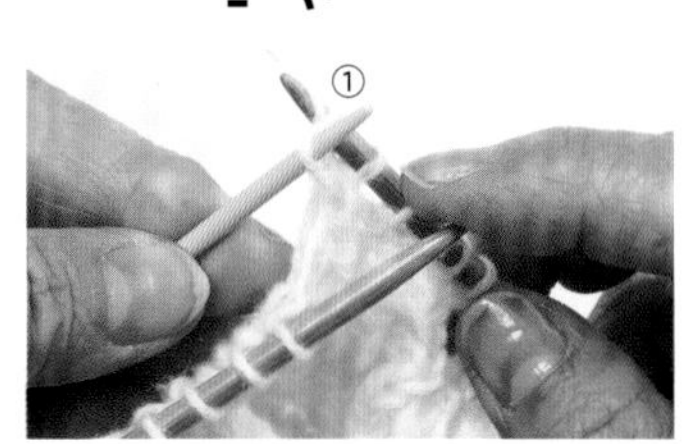

2 如箭头所示，在休针的线圈①里插入右棒针，编织扭针的下针。

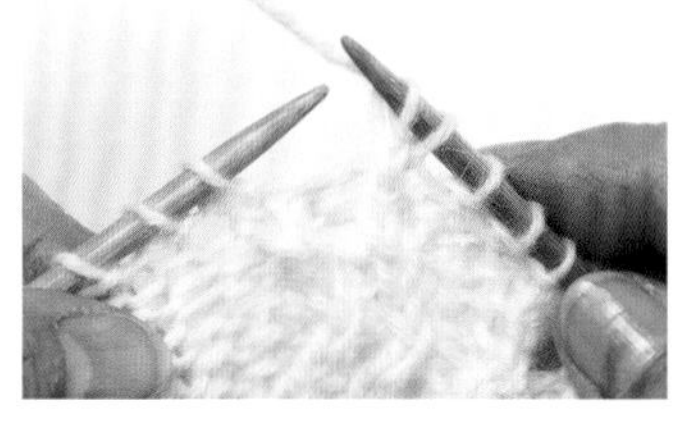

3 “1针上针与1针扭针的右上交叉”完成后的状态。

6~11,24~27 通用

滑针

←⑤ →④ ※滑过来的线圈是上针的情况，符号中会加入━。

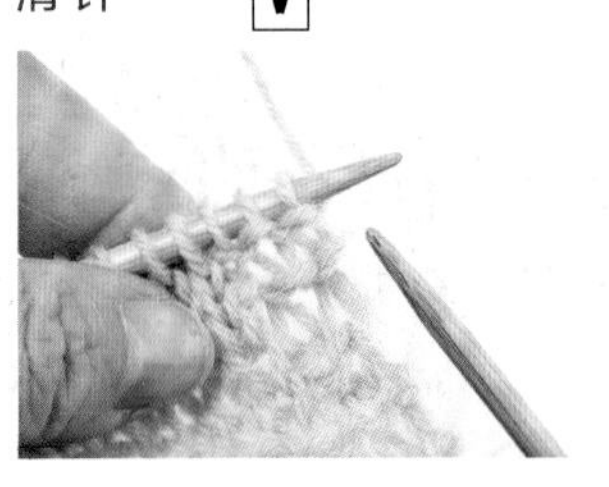

1 如箭头所示插入右棒针，不编织，直接移至右棒针上。

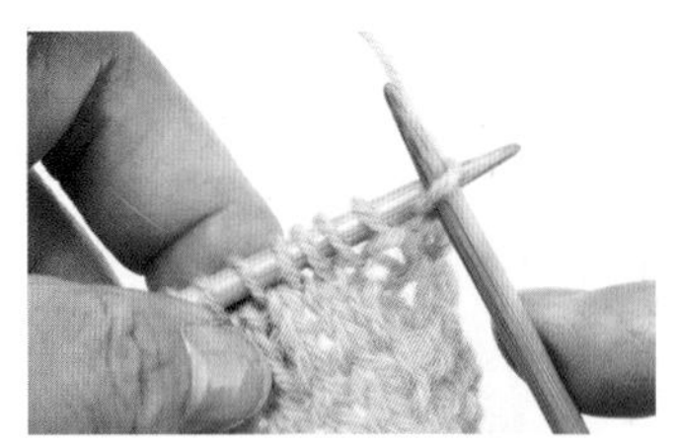

2 下一针正常编织。因为第1针滑过不织，所以边针不易拉伸变形，作品更加美观。

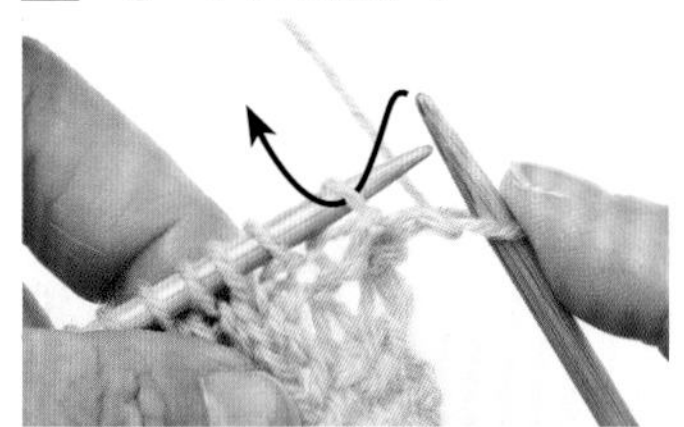

1 如箭头所示插入右棒针，不编织，直接移至右棒针上。

2 下一针正常编织。

61

10cm×15cm
图片:p.36

和麻纳卡 Amerry
奶白色(20)…8g
棒针 5号
【p.25作品实例的配色】
奶白色(20)
桃粉色(28)

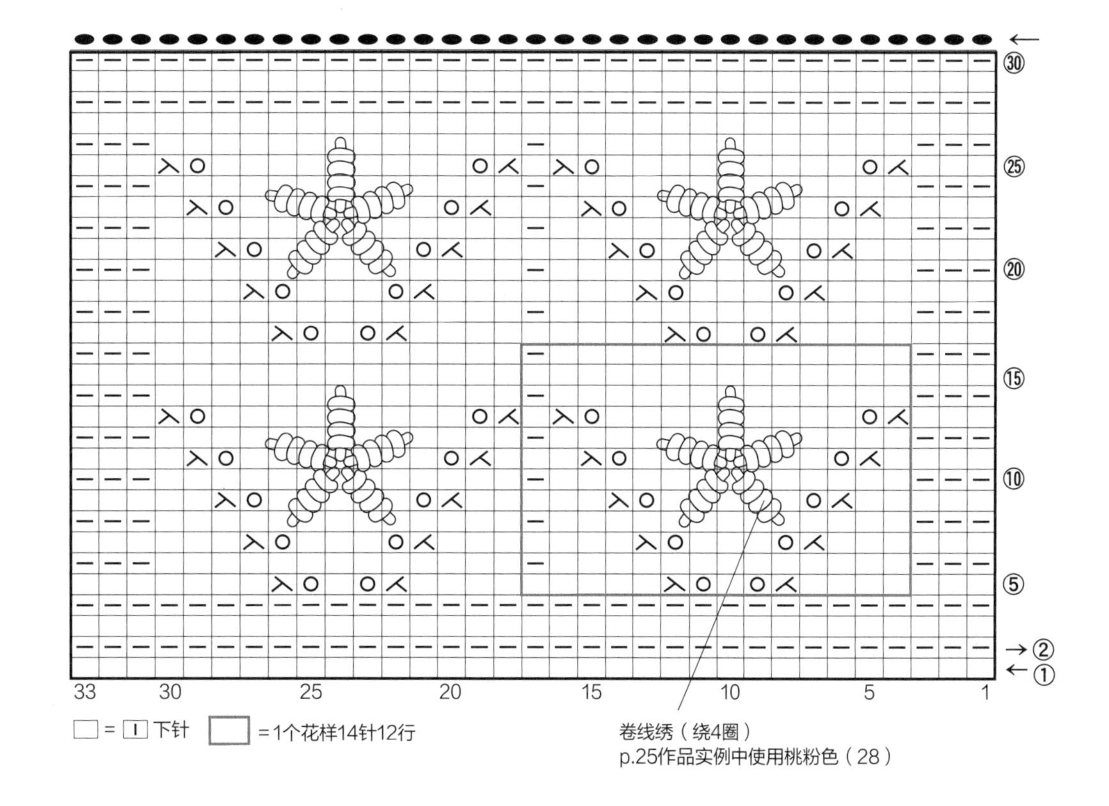

62

10cm×15cm
图片:p.36

和麻纳卡 Amerry
奶白色(20)…8g
棒针 5号

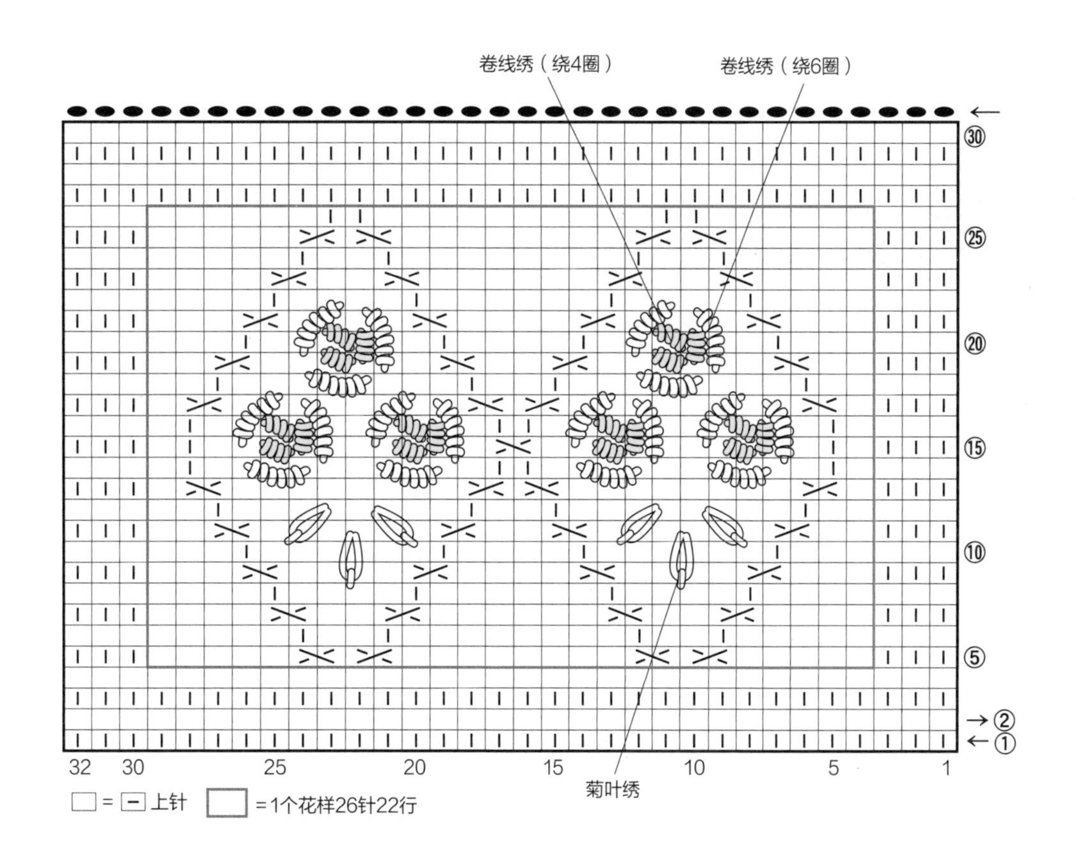

1

30cm×30cm

图片：p.6

和麻纳卡 Amerry 奶白色(20)…35g
嫩绿色(33)…6g
粉红色(7)、珊瑚粉色(27)…各3g
丁香紫色(42)…2g
灰玫瑰色(26)…1g
棒针 5号

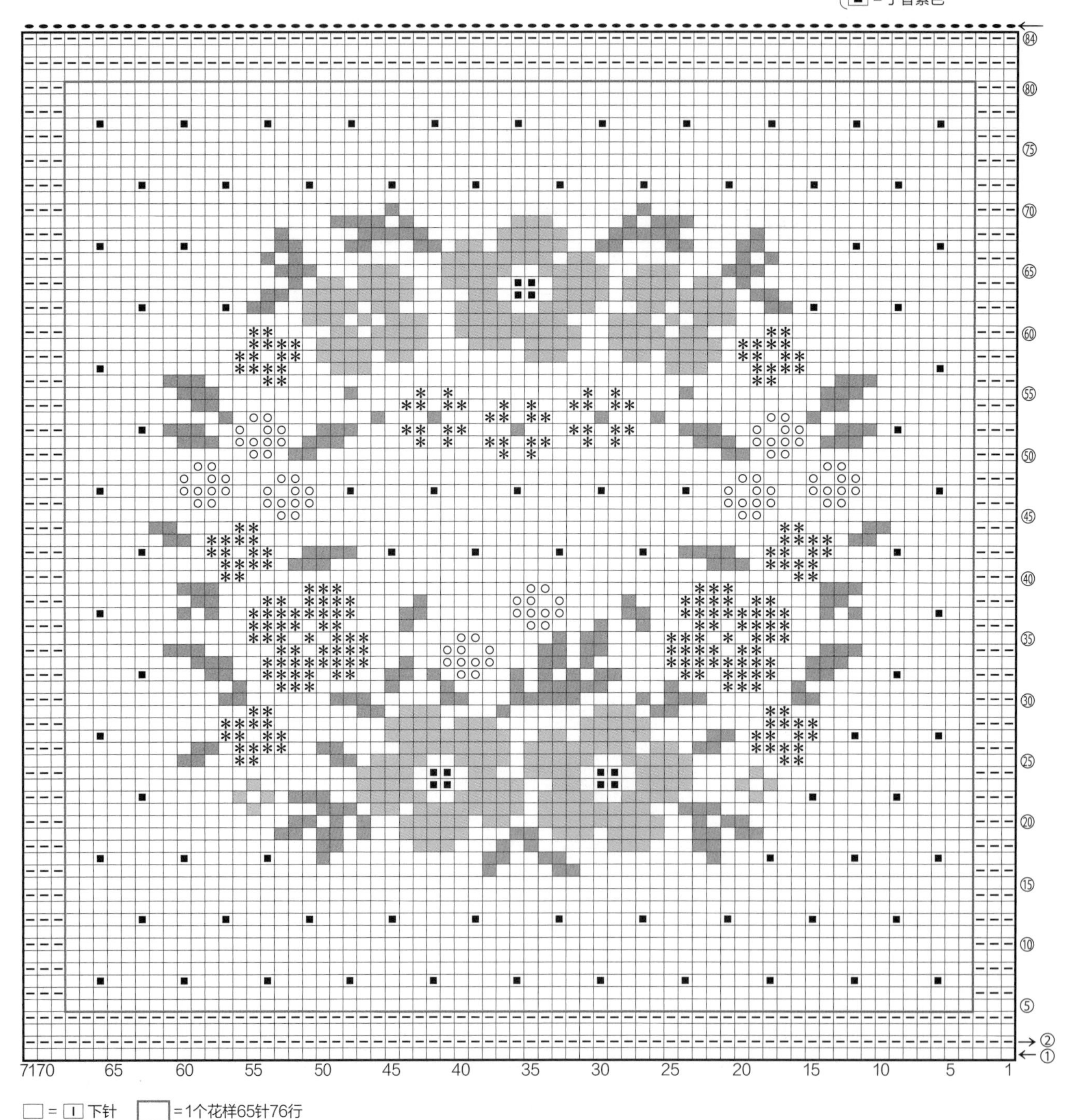

□ = [I] 下针 □ =1个花样65针76行

2

10cm×10cm

图片:p.7

和麻纳卡 Amerry 土黄色(41)…6g

橄榄绿色(38)、奶油色(2)…各1g

棒针 5号

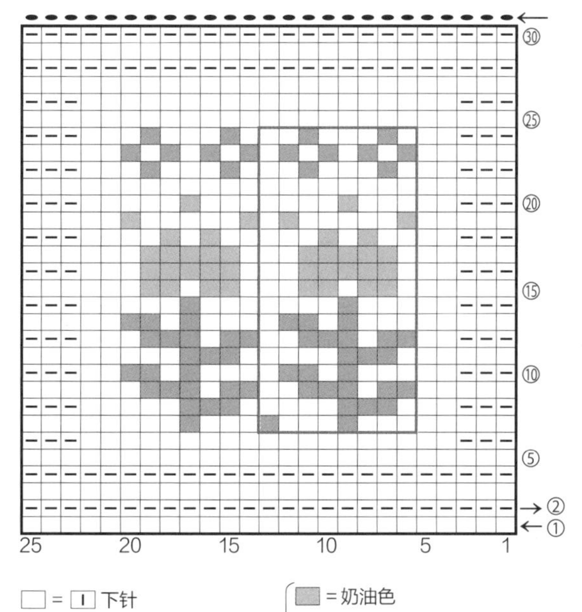

3

10cm×10cm

图片:p.7

和麻纳卡 Amerry 奶白色(20)…5g

海军蓝色(17)…2g

棒针 5号

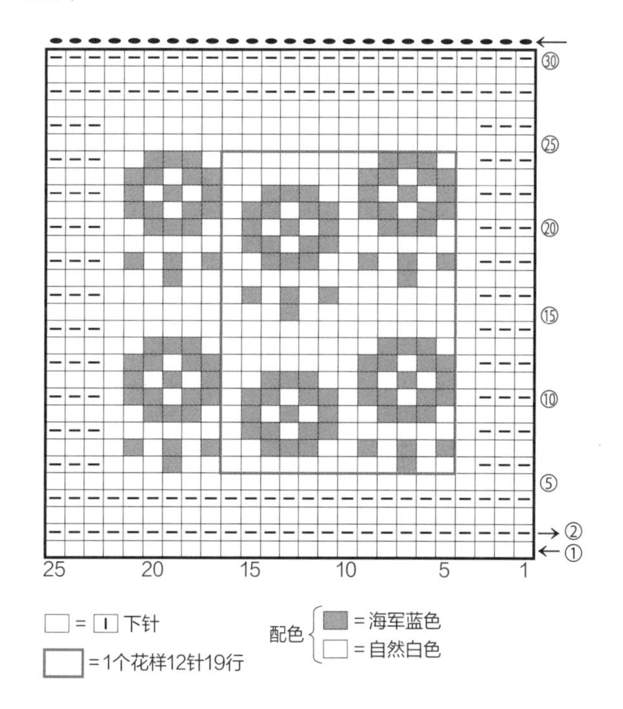

4

10cm×10cm

图片:p.7

重点教程:p.40

和麻纳卡 Amerry 米色(21)…5g

灰绿色(48)、暗红色(6)…各1g

棒针 5号

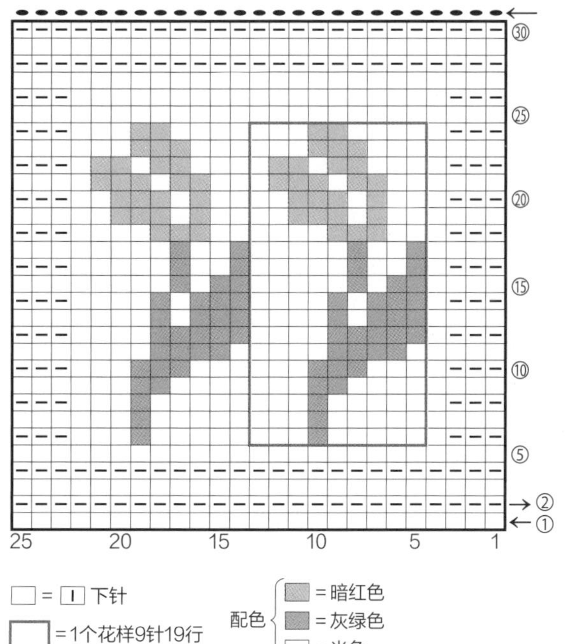

5

10cm×10cm

图片:p.7

和麻纳卡 Amerry 酒红色(19)…6g

灰色(22)、桃粉色(28)…各1g

棒针 5号

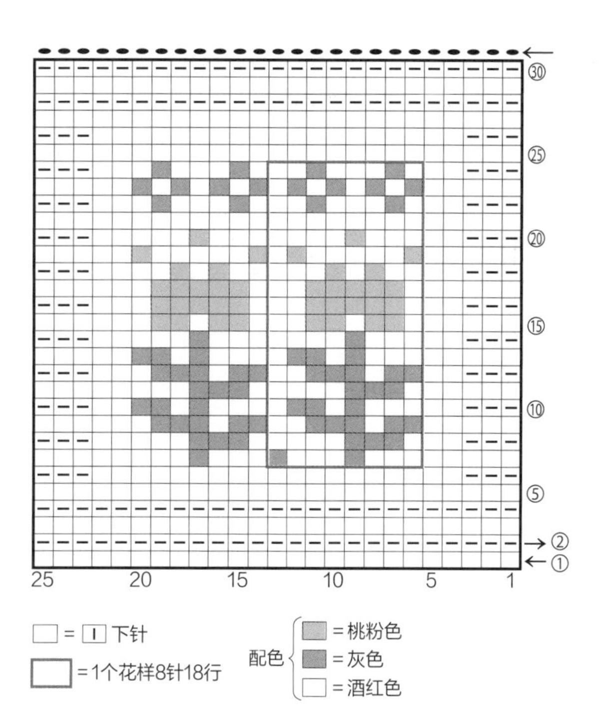

6

10cm×10cm

图片：p.8

芭贝 Princess Anny　白色（502）…5g

红色（555）…2g

绿色（560）、黄色（551）…各少量

棒针　6号

直线绣（绿色）

绕1圈的法式结（黄色分股线）

□＝□ 下针

□＝1个花样17针24行

配色 □＝白色 ■＝红色

※编织主体后，在指定位置刺绣

7

10cm×10cm

图片：p.8

芭贝 Princess Anny　米色（521）…4g

棕色（561）、芥末黄色（541）、橙色（554）…各1g

红色（555）…少量

棒针　6号

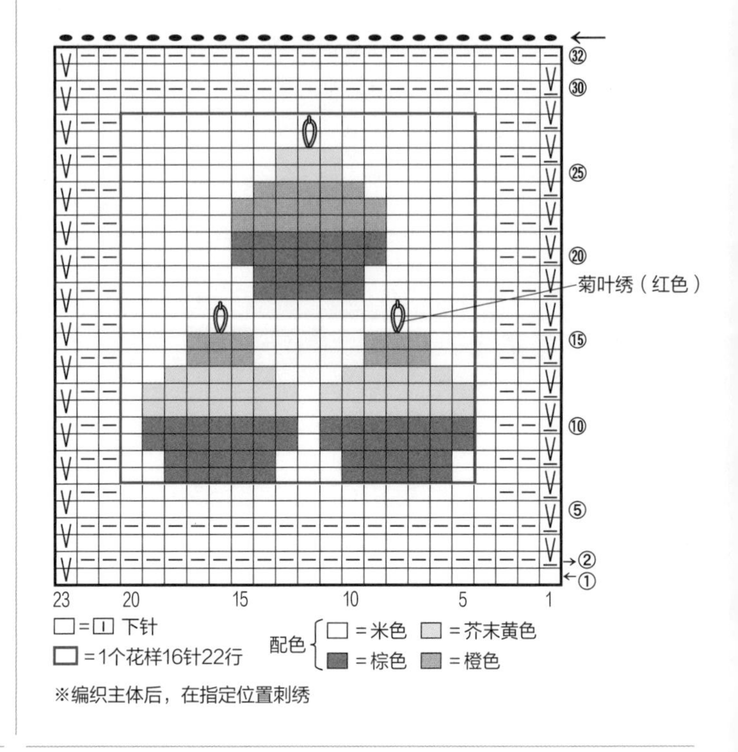

8

10cm×10cm

图片：p.8

和麻纳卡 Amerry　灰色（22）…4g

明黄色（31）…2g

绿色（14）、纯白色（51）…各少量

棒针　7号

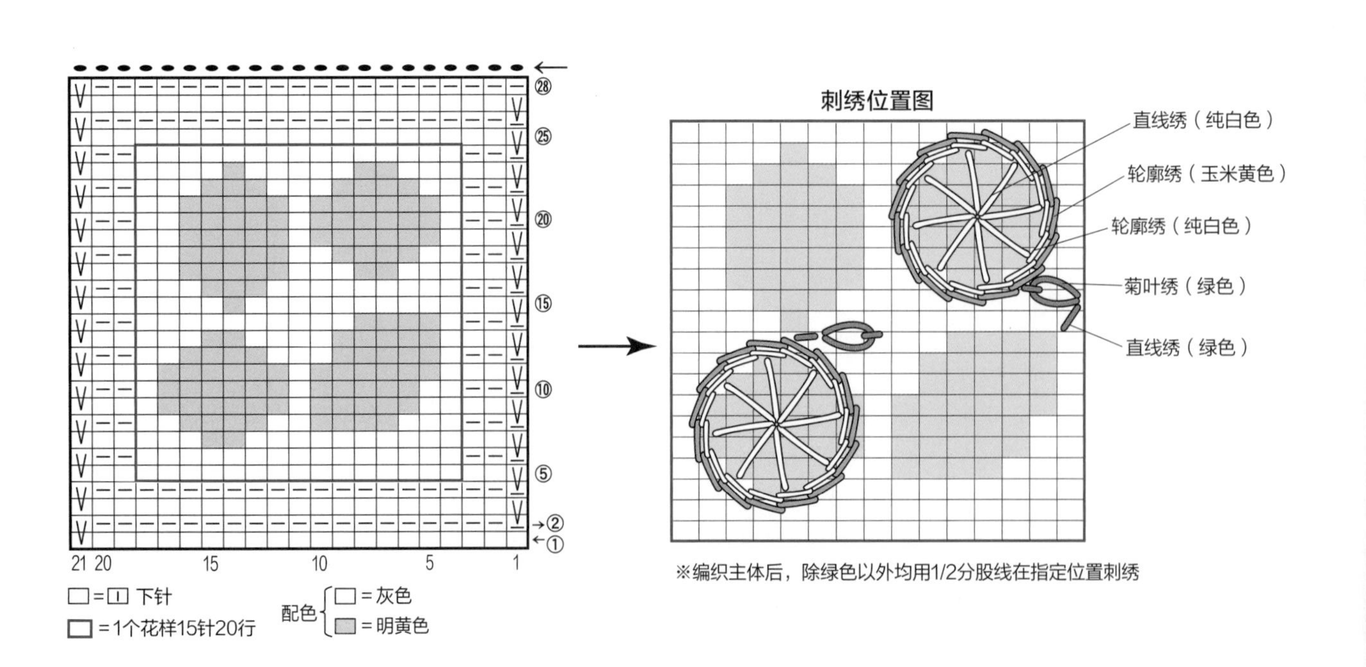

9

10cm×10cm

图片:p.9

和麻纳卡 Amerry F（粗） 白色（501）…3g
鲜橙色（503）、粉红色（505）、朱红色（507）、
薄荷绿色（517）、燕麦色（521）…各少量
棒针 5号

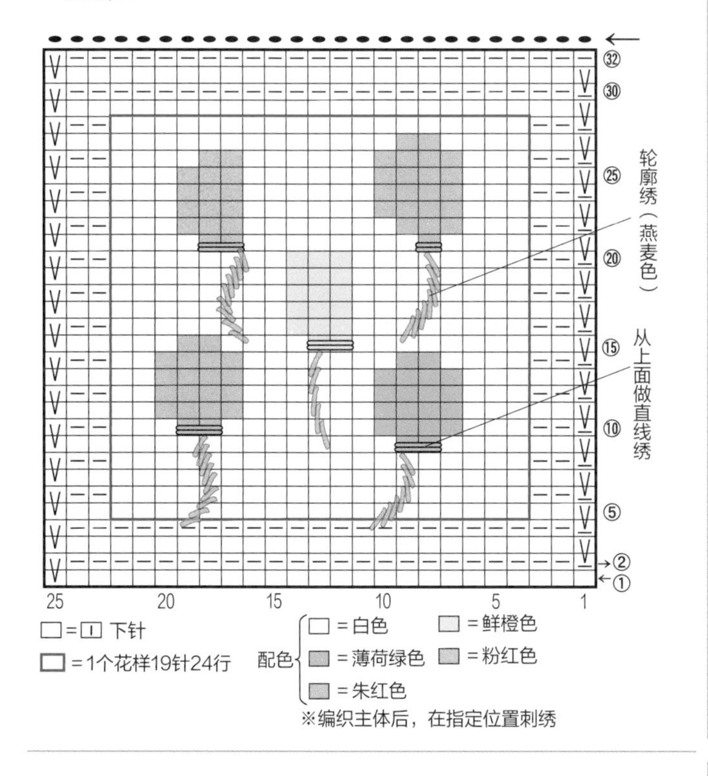

□=⊡ 下针
□=1个花样19针24行

配色：□=白色 □=鲜橙色 □=薄荷绿色 □=粉红色 □=朱红色

※编织主体后，在指定位置刺绣

10

10cm×10cm

图片:p.9

和麻纳卡 Amerry F（粗） 白色（501）…3g
深红色（508）…1g
浅蓝色（512）、孔雀绿色（515）、鲜橙色（503）、
灰色（523）、黑色（524）…各少量
棒针 5号

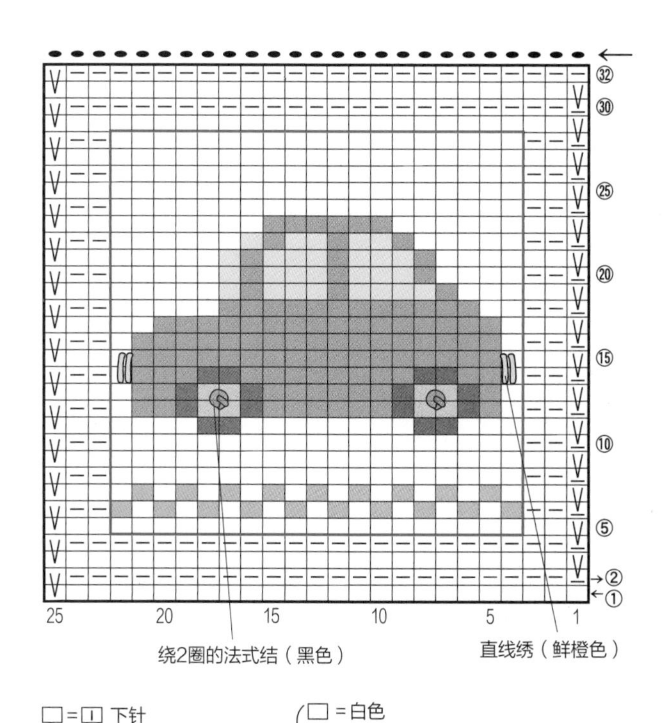

□=⊡ 下针
□=1个花样19针24行

配色：□=白色 □=孔雀绿色 □=黑色 □=灰色 □=深红色 □=浅蓝色

※编织主体后，在指定位置刺绣

11

10cm×10cm

图片:p.9

重点教程:p.41

和麻纳卡 Amerry F（粗） 浅蓝色（512）…3g
白色（501）、深红色（508）…各1g
海军蓝色（514）…少量
棒针 5号

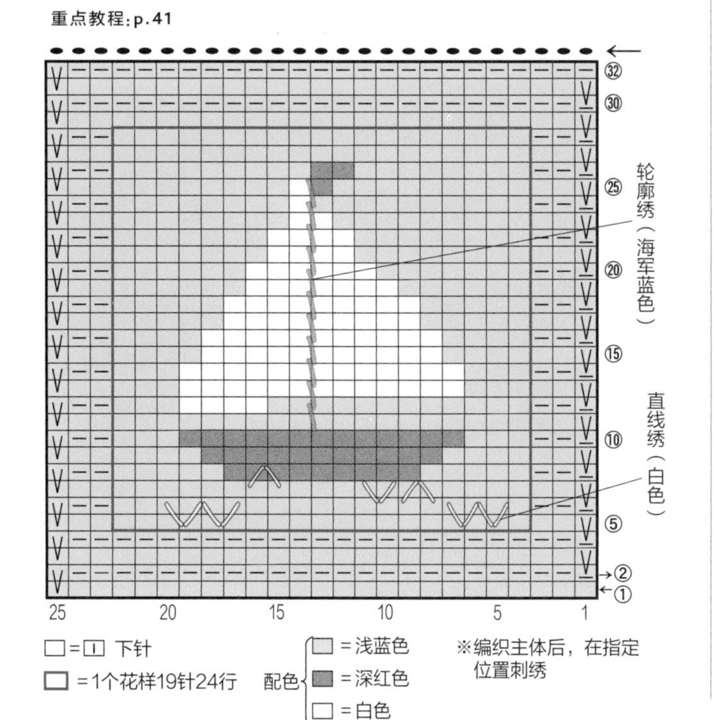

□=⊡ 下针
□=1个花样19针24行

配色：□=浅蓝色 □=深红色 □=白色

※编织主体后，在指定位置刺绣

12

15cm×15cm

图片:p.10

芭贝 Princess Anny
深灰色(519)…9g
红色(555)…2g
粉红色(527)、深粉色(544)、
橙色(554)…各1.5g
棒针 6号

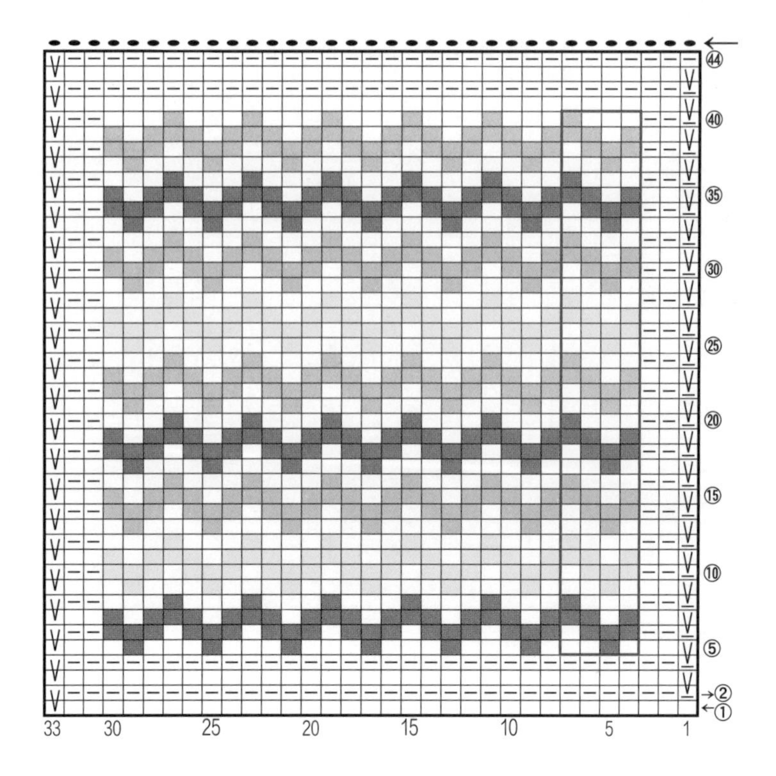

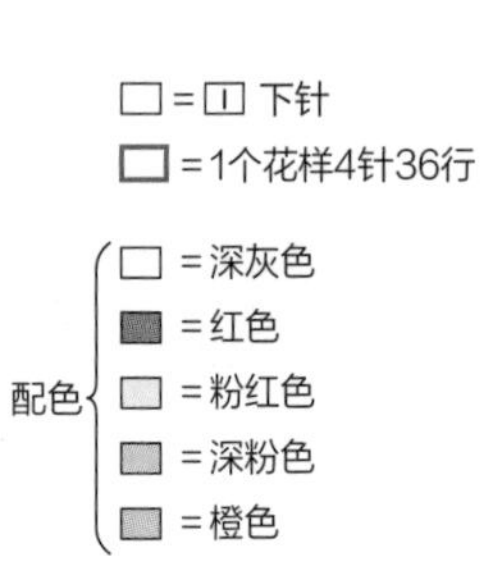

13

15cm×15cm

图片:p.10

和麻纳卡 Amerry
纯黑色(52)…10g
绿色(14)、明黄色(31)、
薰衣草紫色(43)…各2g
深红色(5)、水蓝色(11)、
梅红色(32)…各1g
棒针 7号

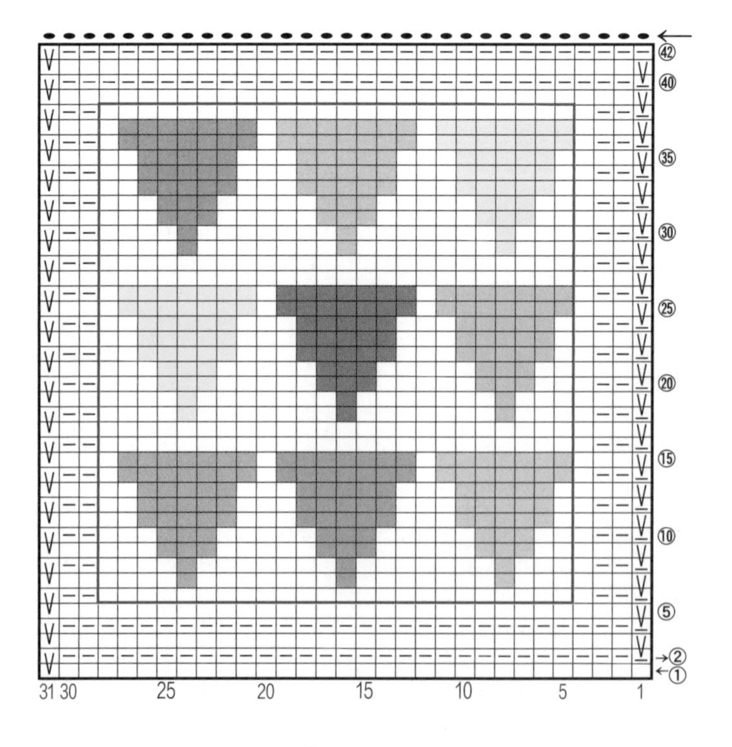

□=□ 下针
□=1个花样24针33行

配色
- □=纯黑色
- ■=薰衣草紫色
- ■=绿色
- ■=梅红色
- ■=水蓝色
- ■=深红色
- ■=明黄色

14

10cm×10cm

图片：p.11

和麻纳卡 Amerry F（粗）
白色（501）…3g
深红色（508）…2g
棒针 5号

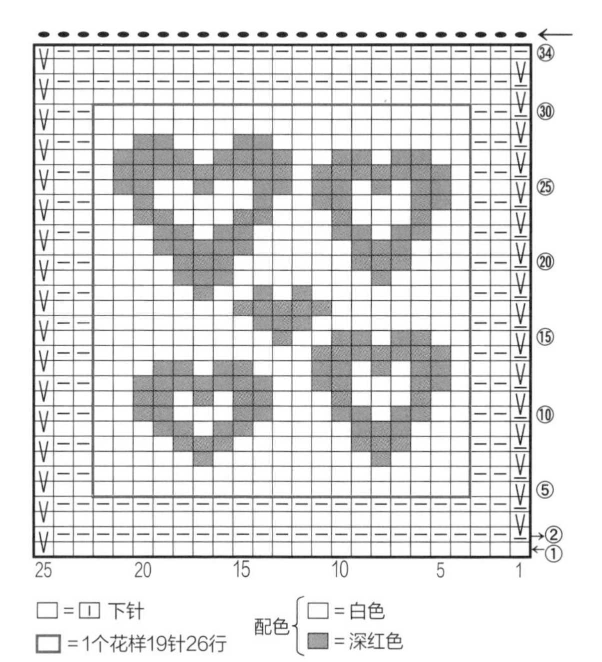

□=□ 下针
□=1个花样19针26行

配色 □=白色 ■=深红色

15

10cm×10cm

图片：p.11

芭贝 Princess Anny 海军蓝色（516）…5g
黄色（551）…2.5g
棒针 6号

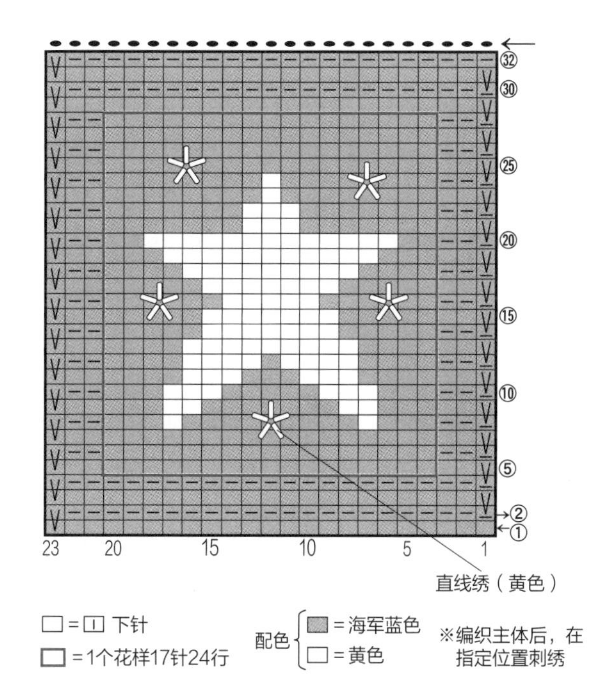

□=□ 下针
□=1个花样17针24行

配色 ■=海军蓝色 □=黄色

※编织主体后，在指定位置刺绣

16

10cm×10cm

图片：p.11

芭贝 Princess Anny 米色（521）…5g
棒针 6号

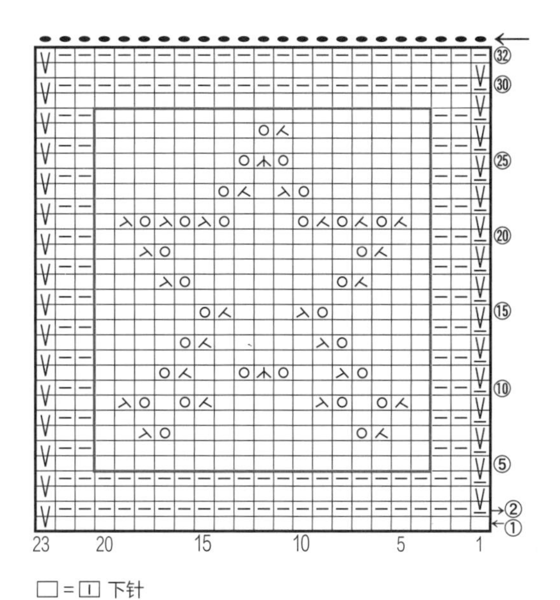

□=□ 下针
□=1个花样17针24行

17

10cm×10cm

图片：p.11

和麻纳卡 Amerry F（粗）
白色（501）…4g
棒针 5号

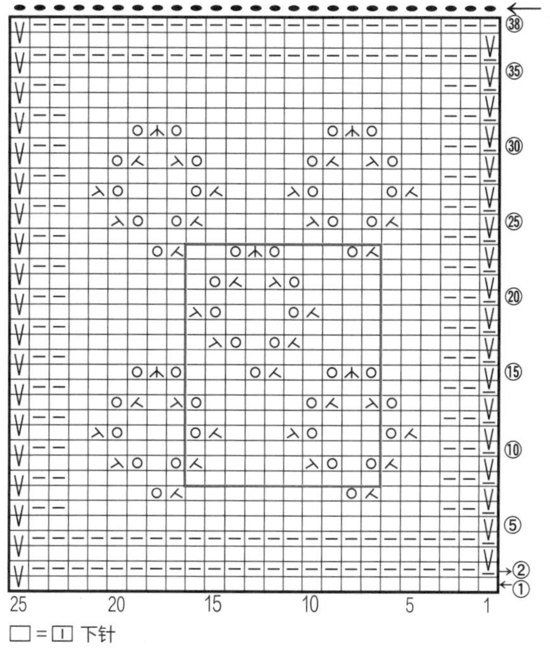

□=□ 下针
□=1个花样10针16行

18

15cm×15cm

图片：p.12

芭贝 Princess Anny
朱红色（505）···9g
浅灰色（546）···4g
棒针　6号

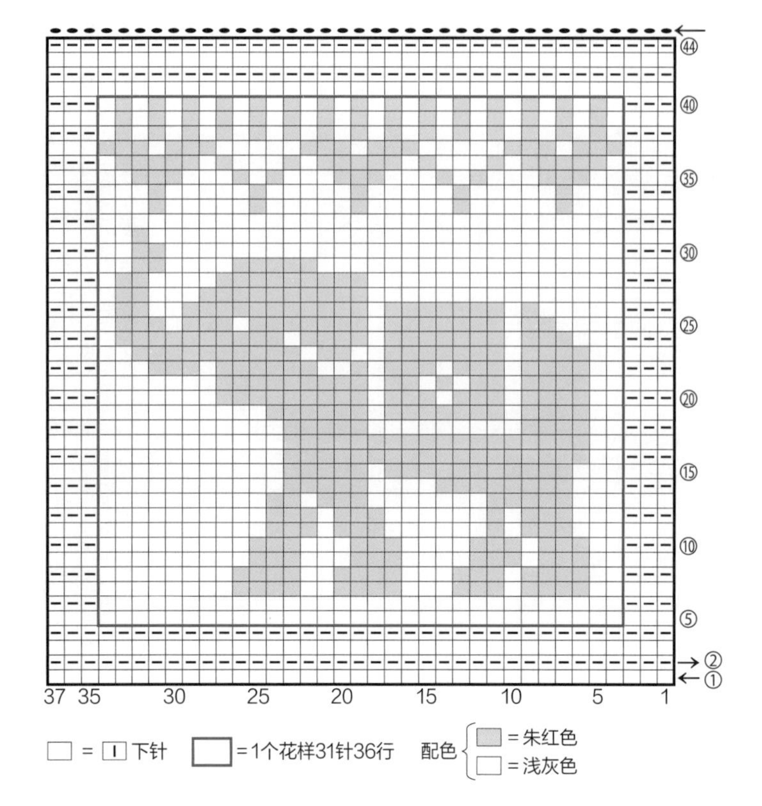

19

15cm×15cm

图片：p.12

芭贝 Princess Anny
绿色（560）···9g
本白色（547）···4g
棒针　6号

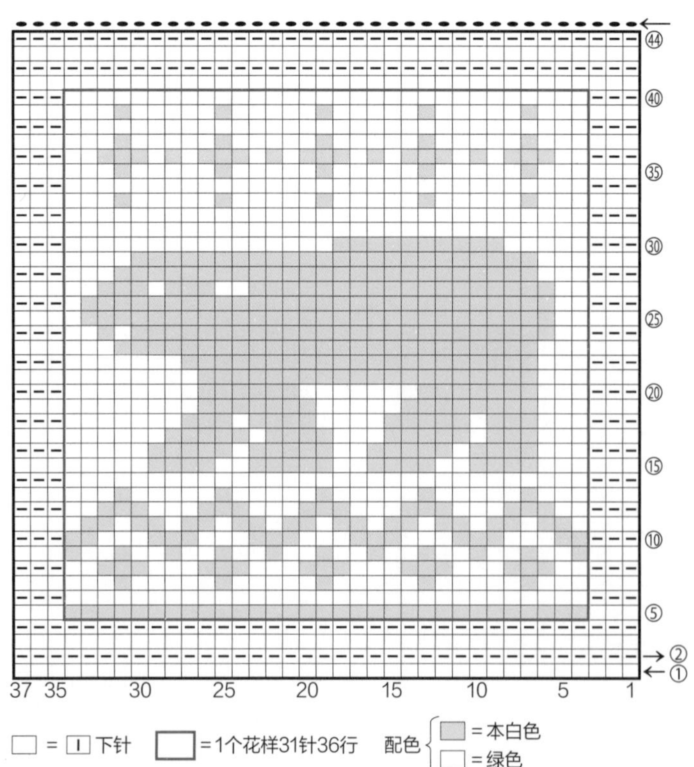

20

10cm×10cm

图片：p.13

芭贝 Princess Anny 本白色（547）…5g
黑色（520）…1.5g
棒针 6号

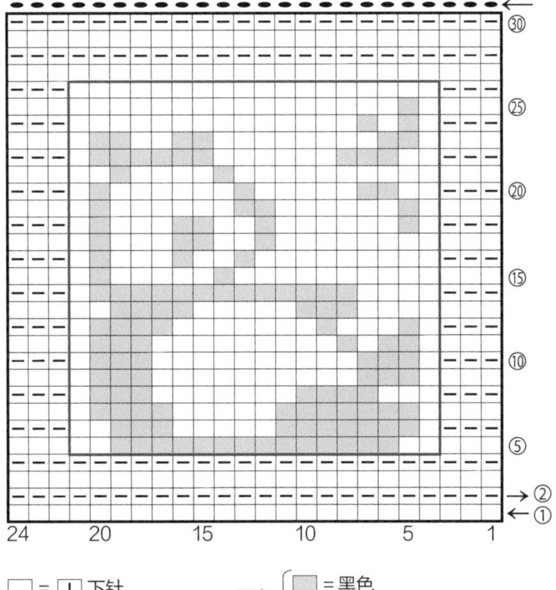

□ = 丨 下针

□ = 1个花样18针22行

配色 ▨ = 黑色 □ = 本白色

21

10cm×10cm

图片：p.13

芭贝 Princess Anny 绿色（560）…4.5g
翠绿色（553）…1.5g
棒针 6号

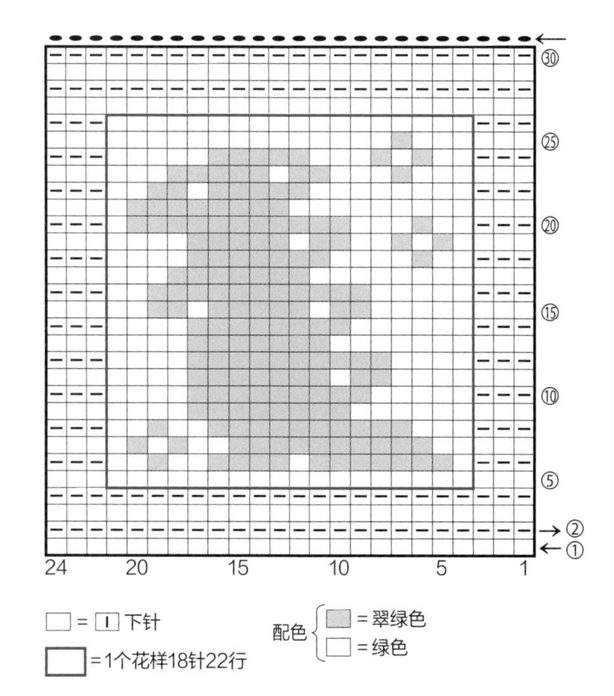

□ = 丨 下针

□ = 1个花样18针22行

配色 ▨ = 翠绿色 □ = 绿色

22

10cm×10cm

图片：p.13

芭贝 Princess Anny 土黄色（528）…4.5g
芥末黄色（541）…1g
棒针 6号

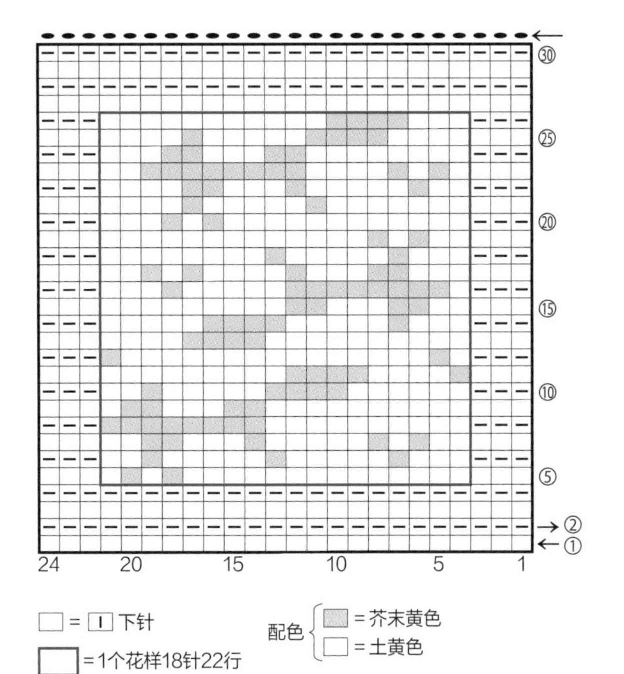

□ = 丨 下针

□ = 1个花样18针22行

配色 ▨ = 芥末黄色 □ = 土黄色

23

10cm×10cm

图片：p.13

芭贝 Princess Anny 紫色（550）…4.5g
米色（521）…1.5g
棒针 6号

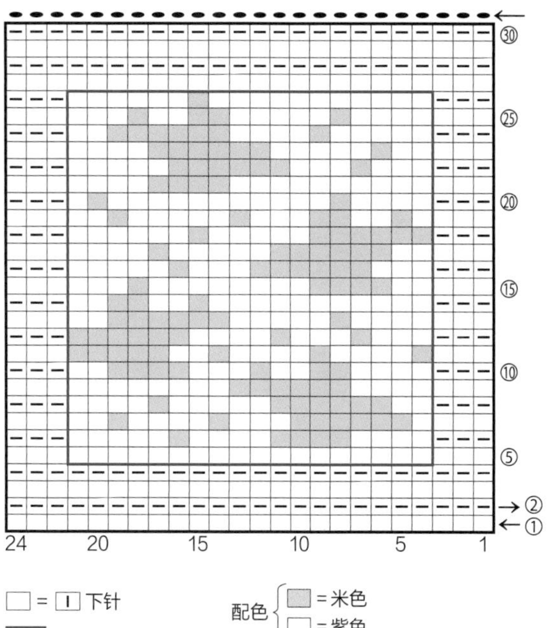

□ = 丨 下针

□ = 1个花样18针22行

配色 ▨ = 米色 □ = 紫色

24

20cm×20cm

图片:p.14

和麻纳卡 Exceed Wool L（中粗）
炭灰色（329）…22g
茶色（333）…4g
灰色（355）、白色（301）…各 2.5g
深棕色（352）…少量
棒针 7号

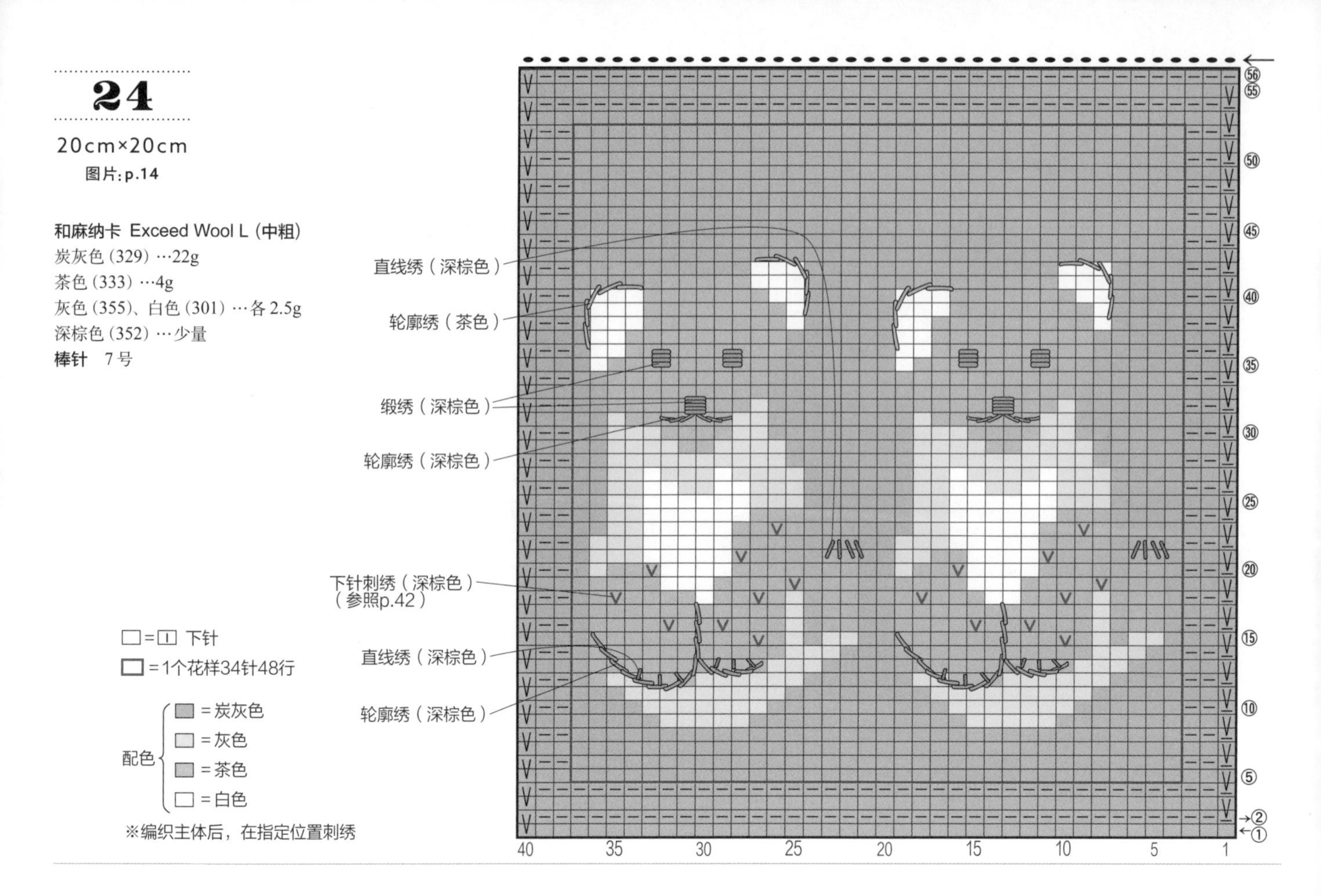

25

15cm×15cm

图片:p.14

重点教程:p.40

芭贝 Princess Anny
米色（521）…9g
棕色（561）…4.5g
灰色（529）…3.5g
棒针 6号

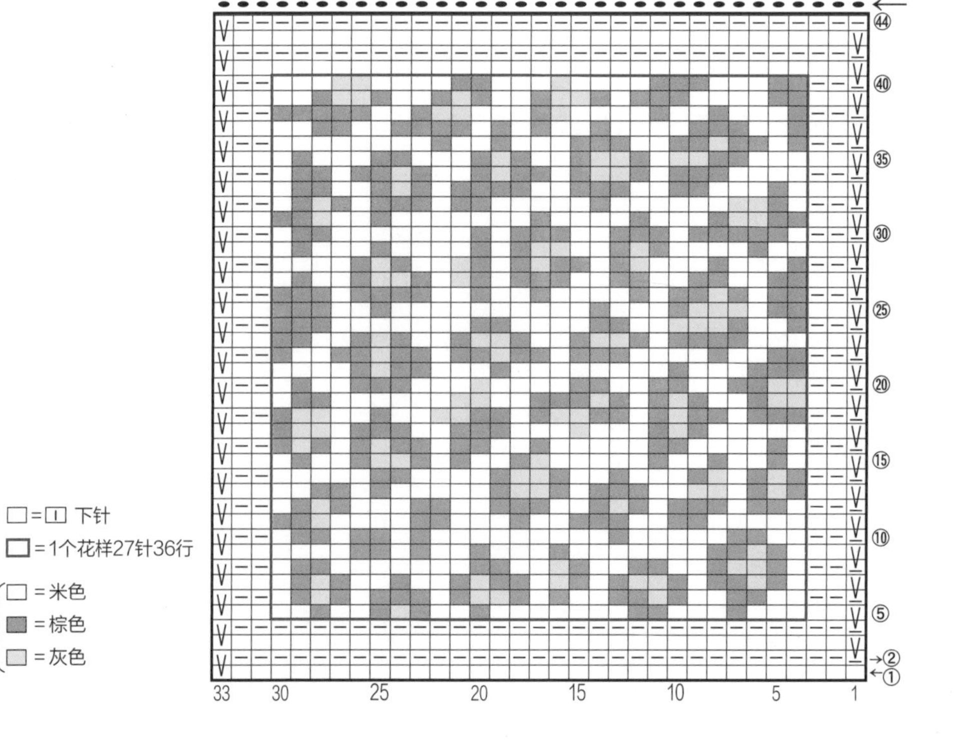

26

15cm×15cm

图片：p.15

和麻纳卡 Amerry
纯白色(51) …7g
豆蔻色(49) …3g
巧克力色(9) …少量
和麻纳卡 Merino Wool Fur
米色(2) …5g
棒针 7号

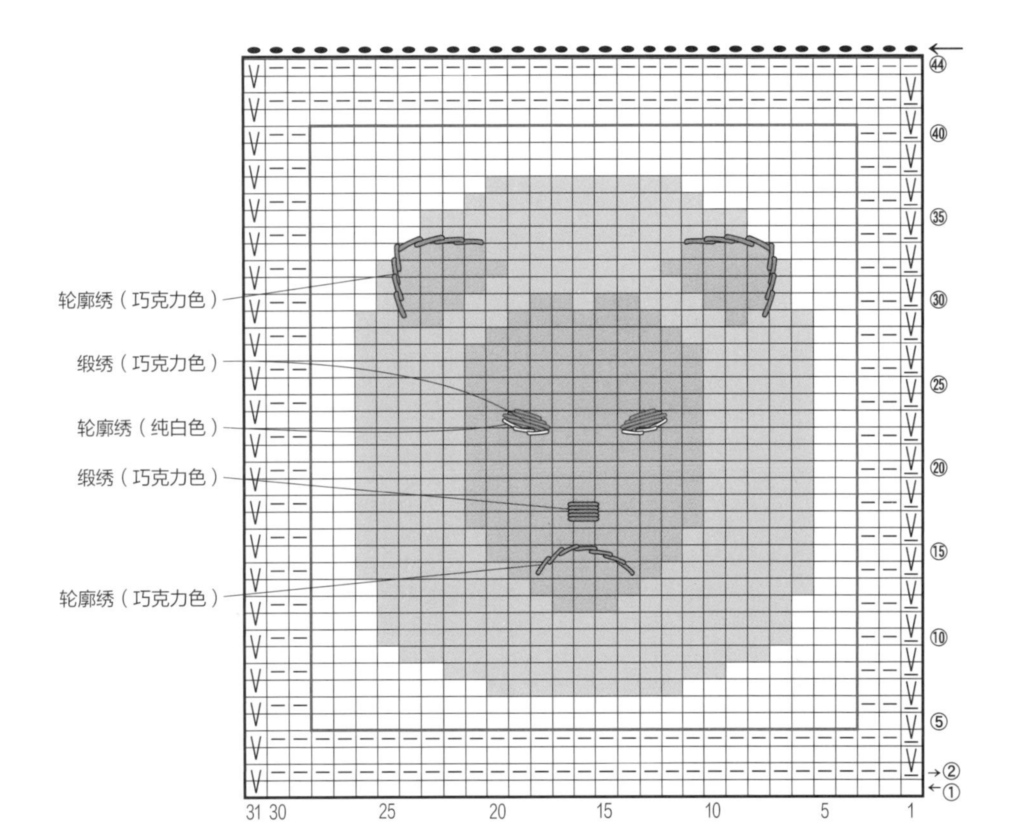

□=□ 下针
□ =1个花样25针36行

配色
□ =纯白色
□ =米色
□ =豆蔻色

※编织主体后，在指定位置刺绣

27

20cm×20cm

图片：p.15

和麻纳卡 Amerry
自然黑色(24) …11g
驼色(8) …4g
自然棕色(23) …3g
米色(21)、巧克力色(9) …各少量
棒针 7号

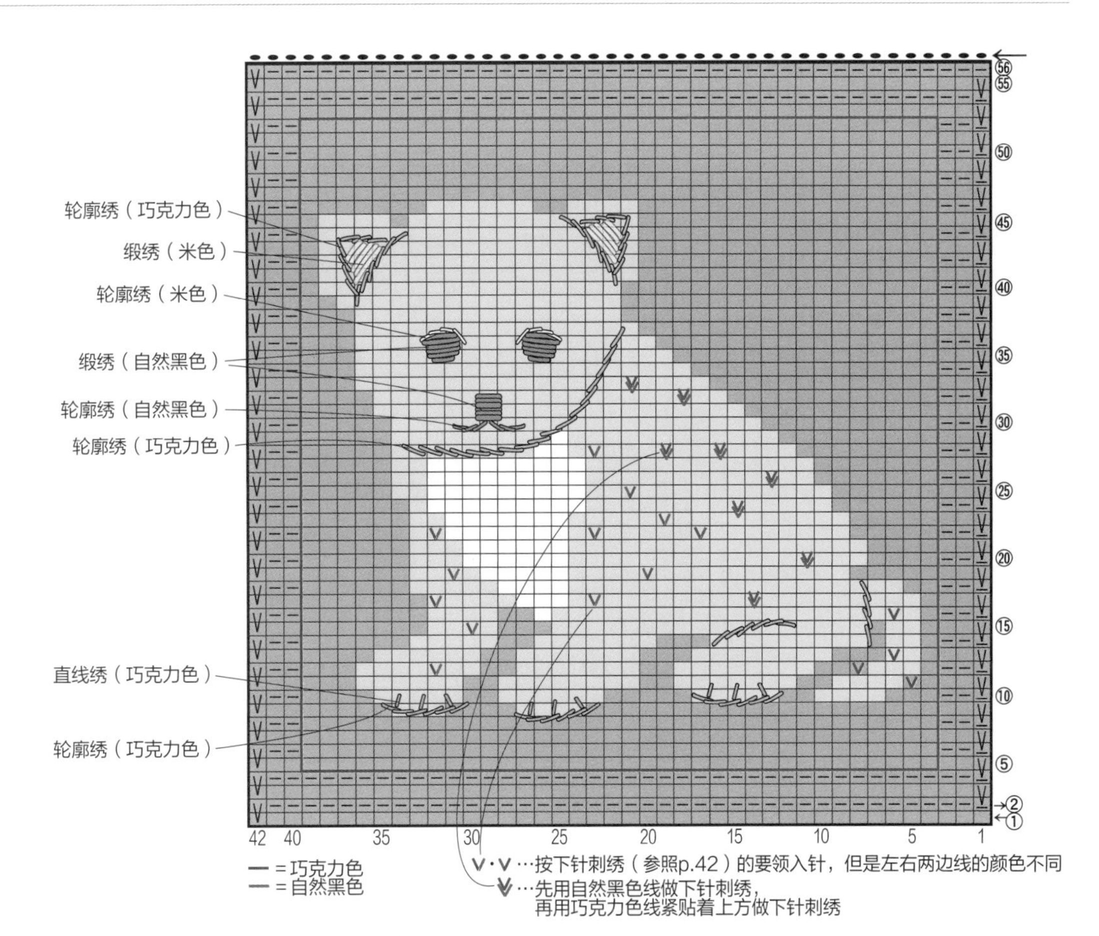

□=□ 下针
□ =1个花样36针48行

配色
□ =自然黑色
□ =驼色
□ =自然棕色
□ =米色

※编织主体后，在指定位置刺绣

28

10cm×15cm

图片:p.16

和麻纳卡 Exceed Wool L (中粗)
奶油色(302)…9g
浅灰色(327)…2.5g
浅紫色(312)…1g
蓝绿色(347)…1g
棒针 6号

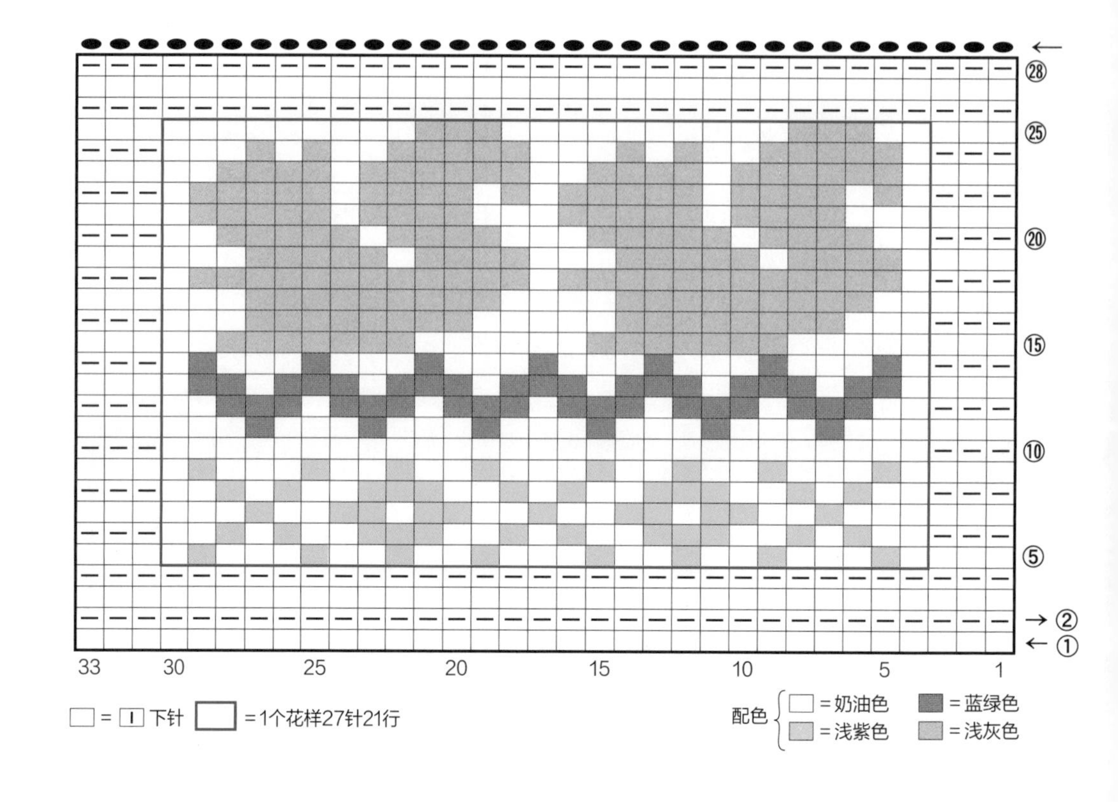

29

10cm×15cm

图片:p.16

和麻纳卡 Exceed Wool L (中粗)
浅蓝色(322)…6.5g
粉红色(342)…3.5g
白色(301)…2g
浅茶色(331)…2g
棒针 6号

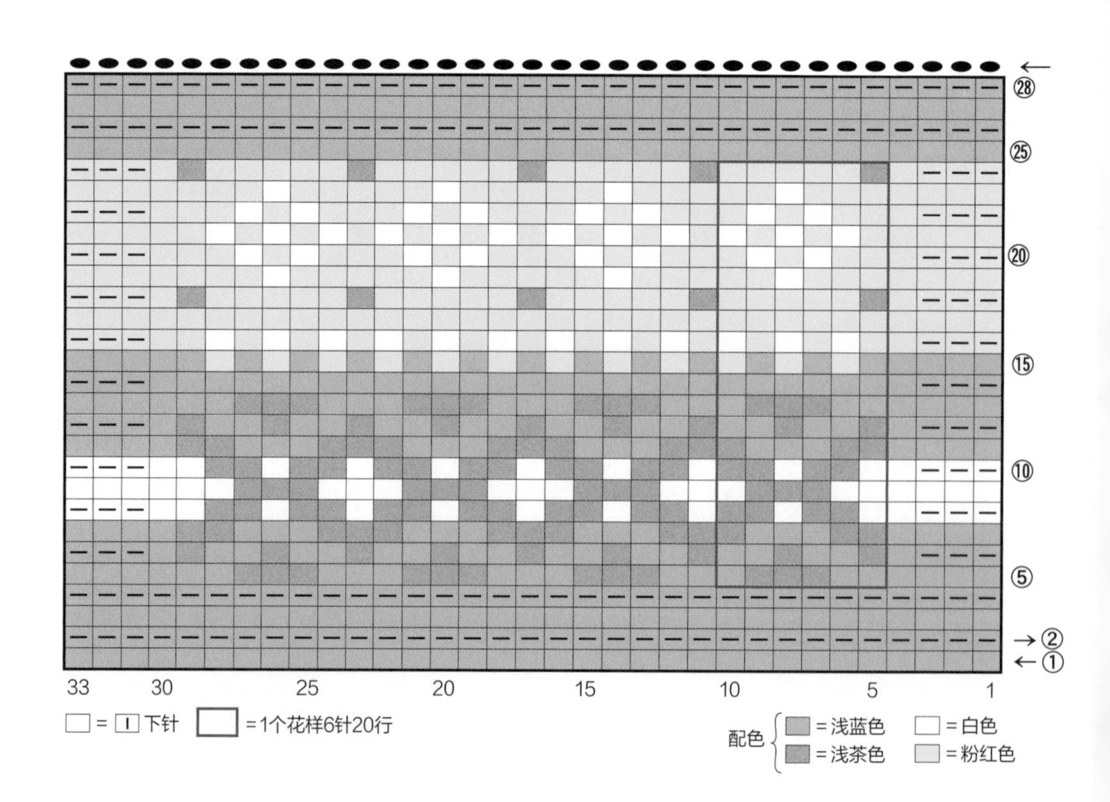

30

10cm×15cm

图片:p.17

芭贝 Princess Anny

翠绿色(553)…6.5g

黄色(551)…2g

本白色(547)…1.5g

棒针 5号

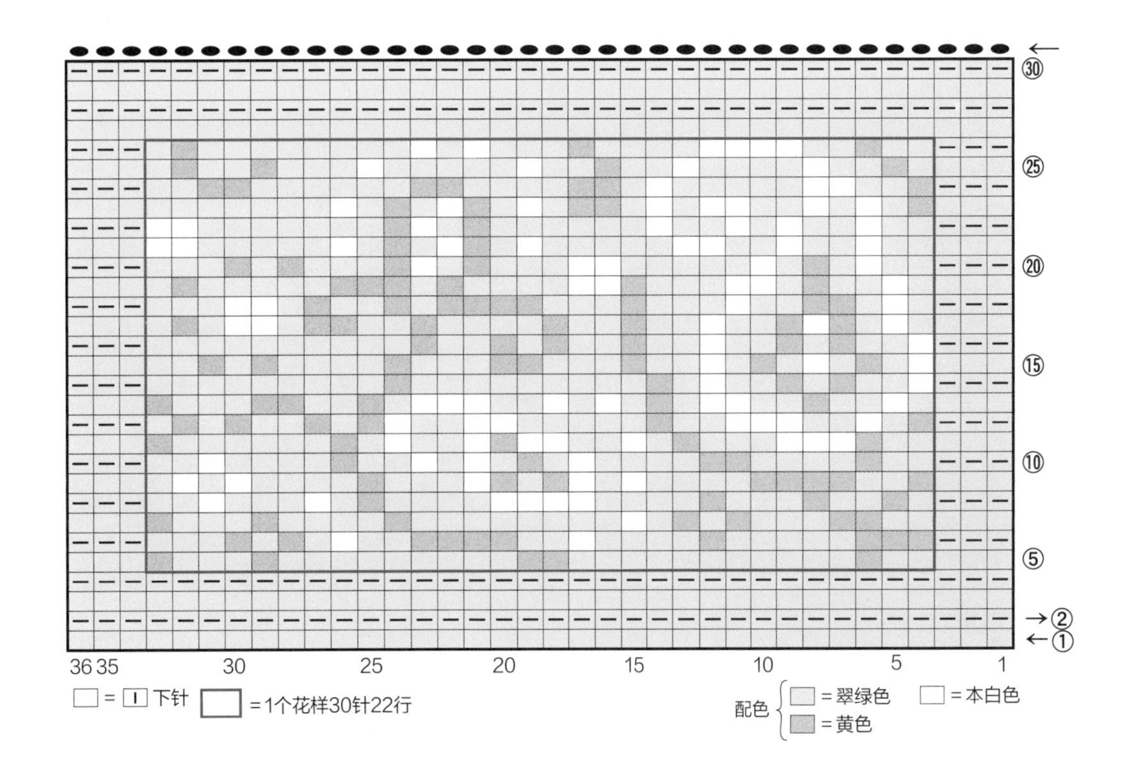

31

10cm×15cm

图片:p.17

芭贝 Princess Anny

深紫色(556)…4.5g

米色(521)…4.5g

芥末黄色(541)…2g

棒针 5号

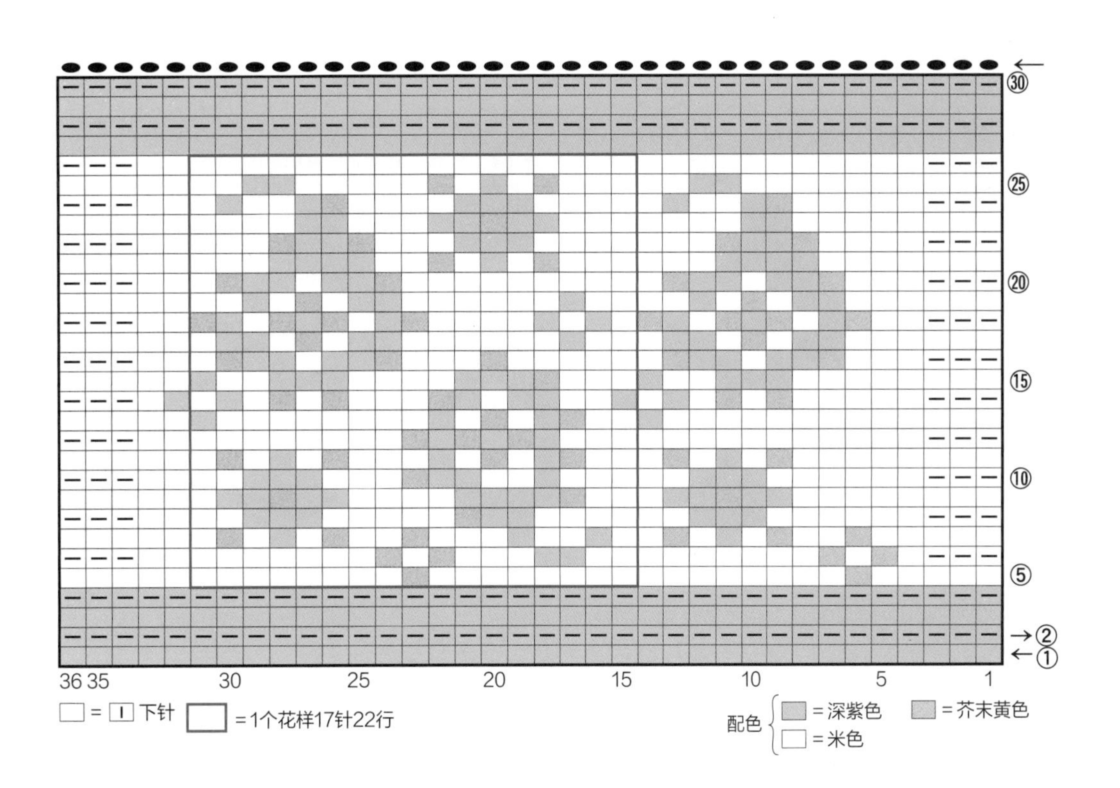

32

30cm×30cm

图片:p.18

和麻纳卡 Amerry　奶白色(20)…34g
橄榄绿色(38)…14g
棒针　5号

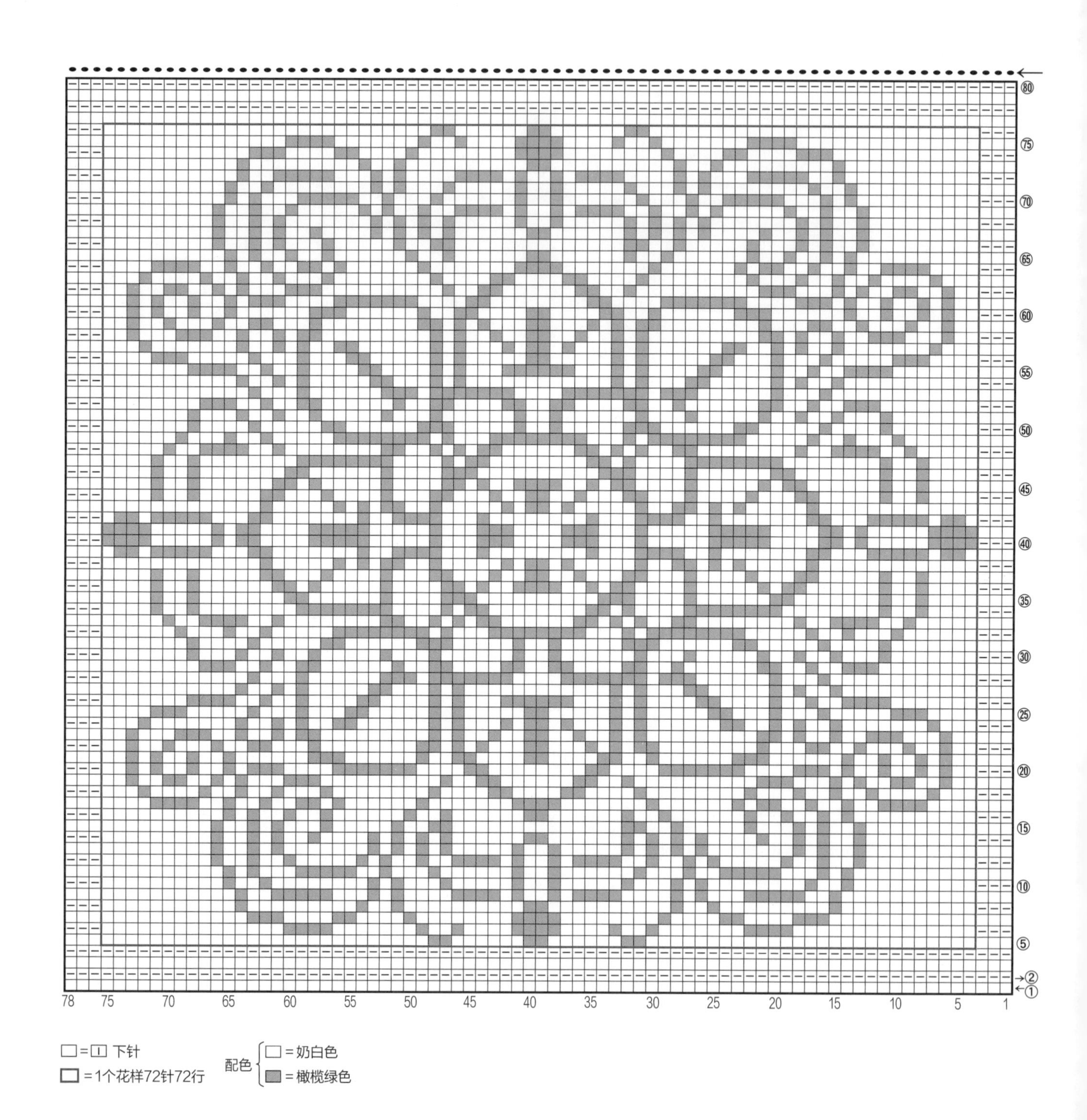

33

15cm×15cm

图片:p.19

和麻纳卡 Amerry
水色(29)…9g
露草色(46)…6g
奶白色(20)…3g
棒针 5号

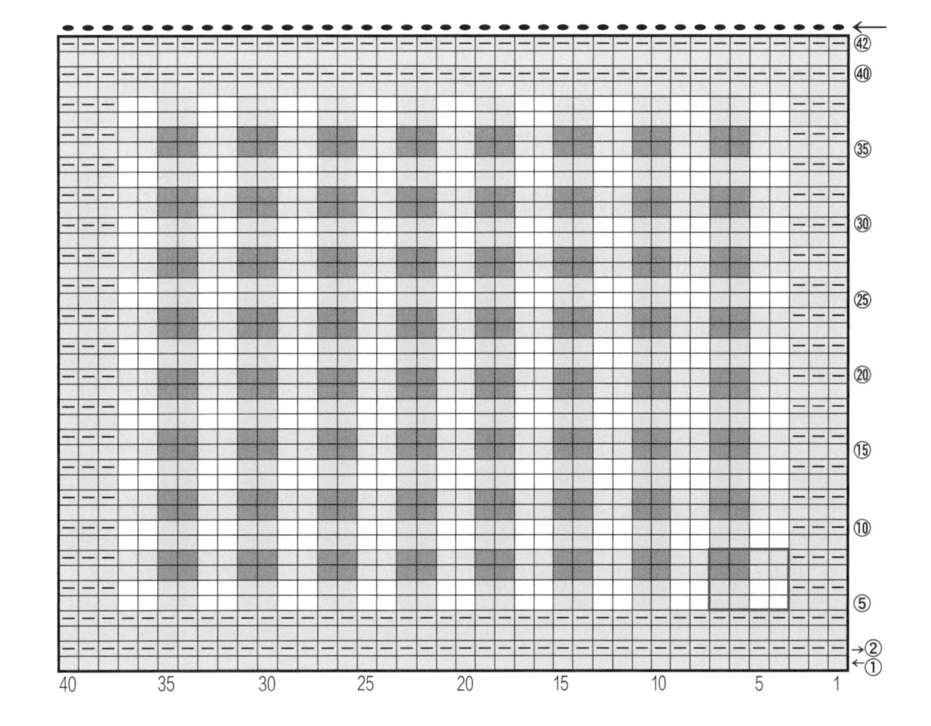

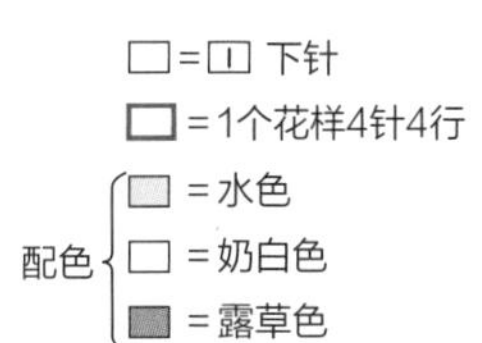

34

15cm×15cm

图片:p.19
重点教程:p.41

和麻纳卡 Amerry
燕麦色(40)…10g
巧克力色(9)…5g
深红色(5)…2g
水色(29)…1g
棒针 5号

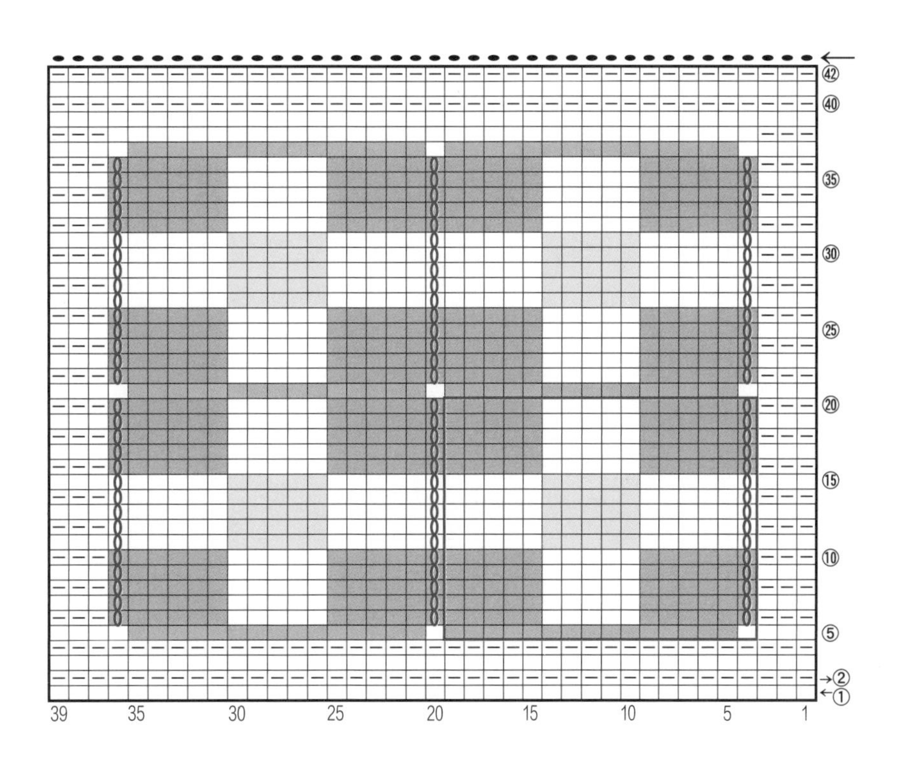

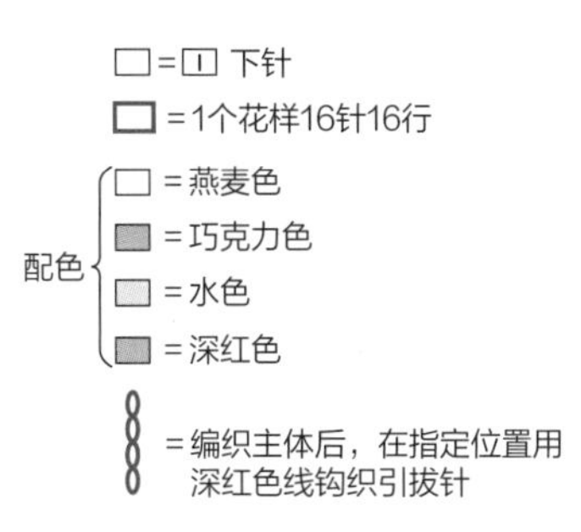

35

20cm×10cm

图片:p.20

和麻纳卡 Amerry
柠檬黄色(25)…5g
奶白色(20)…2g
墨蓝色(16)、
水色(29)…各1g
棒针 5号

【p.4作品实例的配色】
和麻纳卡 Amerry
青瓷色(37)…65g
水色(29)…14g
冰蓝色(10)…5g
海军蓝色(17)…2g
棒针 5号

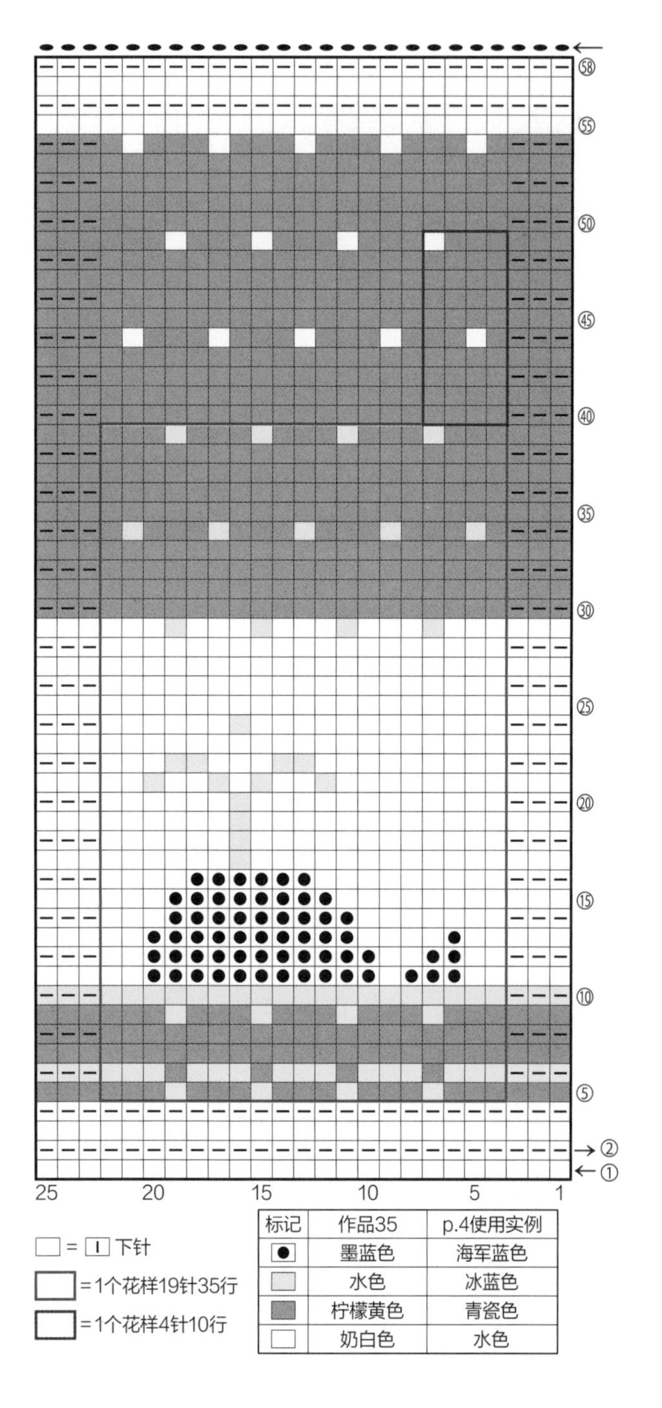

标记	作品35	p.4使用实例
●	墨蓝色	海军蓝色
□	水色	冰蓝色
■	柠檬黄色	青瓷色
□	奶白色	水色

36

20cm×10cm

图片:p.20

和麻纳卡 Amerry
嫩绿色(33)…8g
奶白色(20)…4g
驼色(8)、薰衣草紫色(43)、
明黄色(31)…各1g
棒针 5号

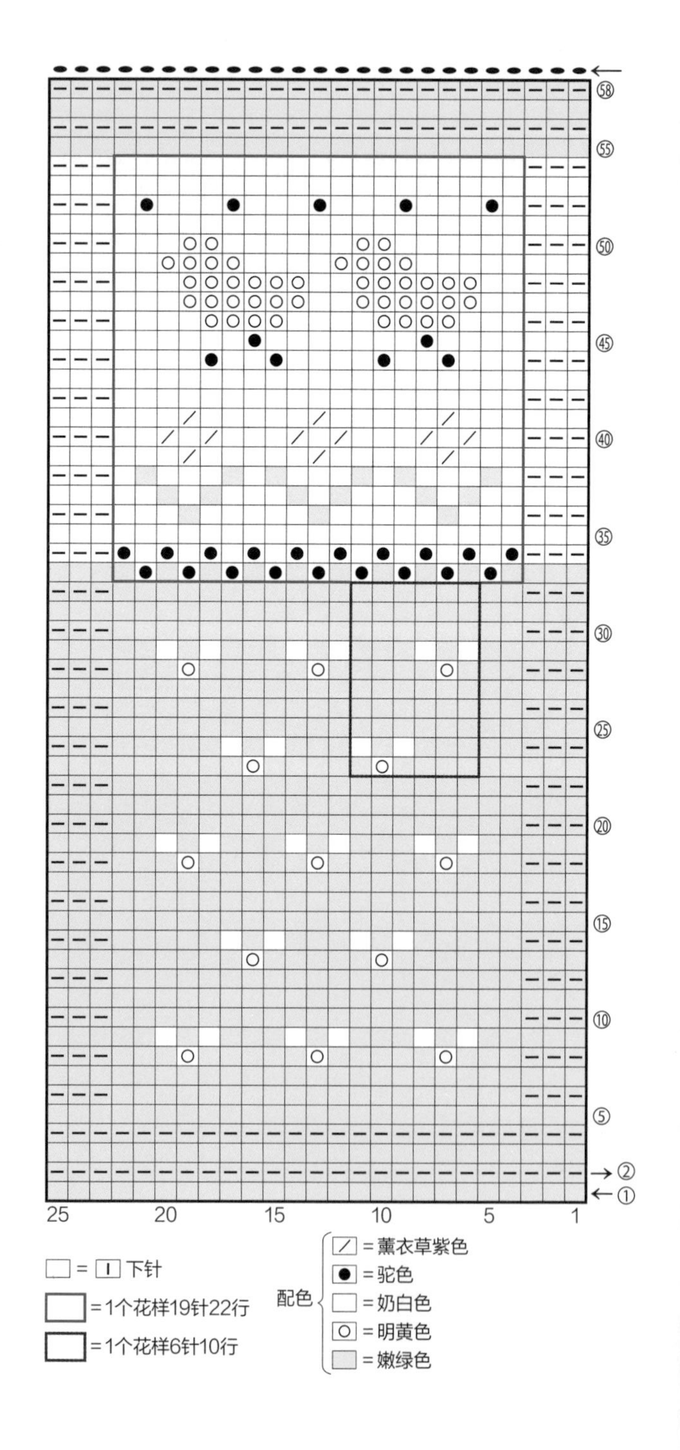

37

20cm×10cm

图片:p.21

和麻纳卡 Amerry
奶白色(20)…10g
孔雀绿色(47)、
天蓝色(11)…各2g
棒针 5号

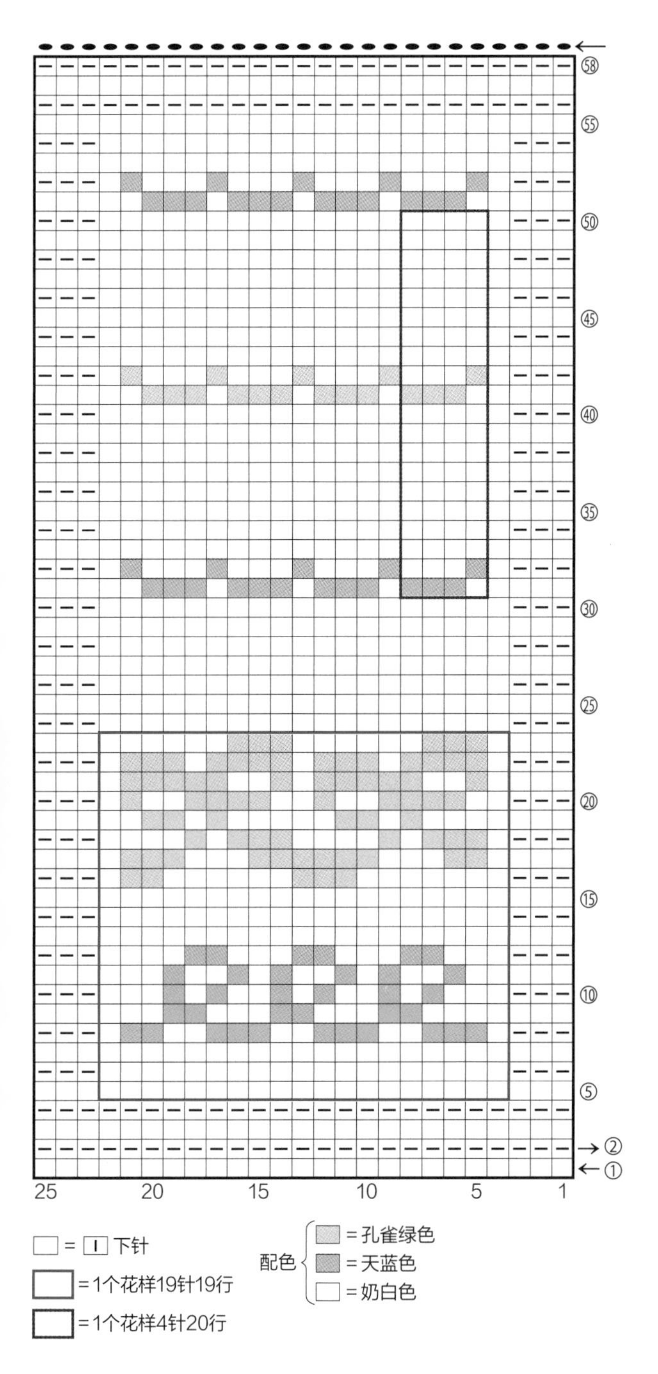

38

20cm×10cm

图片:p.21

和麻纳卡 Amerry
深红色(5)…8g
奶白色(20)…2g
蓝绿色(12)…1g
棒针 5号

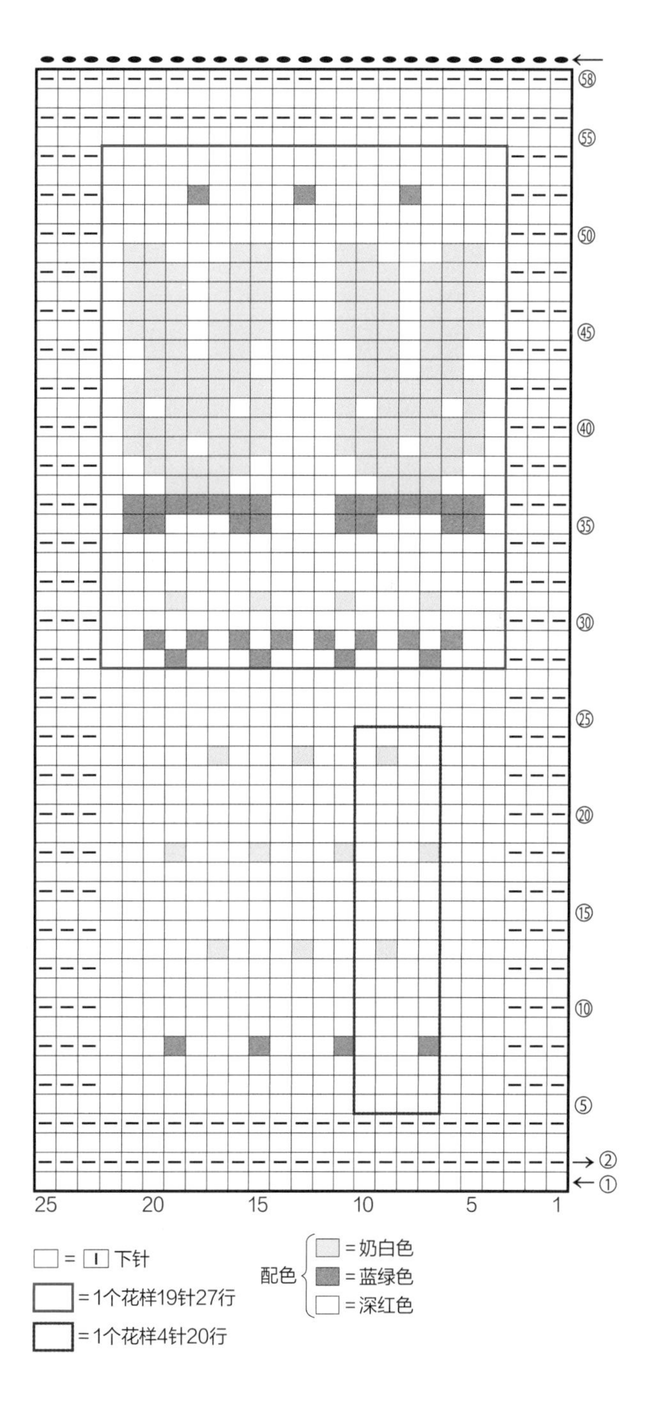

39

15cm×15cm

图片：p.22

重点教程：p.41,42

和麻纳卡 Amerry

奶白色(20)…10g

柠檬黄色(25)、粉红色(7)、

明黄色(31)、灰玫瑰色(26)、

天蓝色(11)…各1g

芥末黄色(3)…少量

棒针 6号

钩针 6/0号

糖果的配色表　　主体＝自然白色

标记	糖果	锁链绣
□	柠檬黄色	明黄色
■	粉红色	灰玫瑰色
□	灰玫瑰色	天蓝色
■	天蓝色	柠檬黄色
□	明黄色	粉红色

编织顺序

1. 编织主体时，参照下图在5处分别用指定的配色线与主体一起编织糖果部分（参照p.41, 42），接着参照糖果的制作方法进行锁链绣。
2. 在5处糖果的下侧做下针刺绣（参照p.42）。

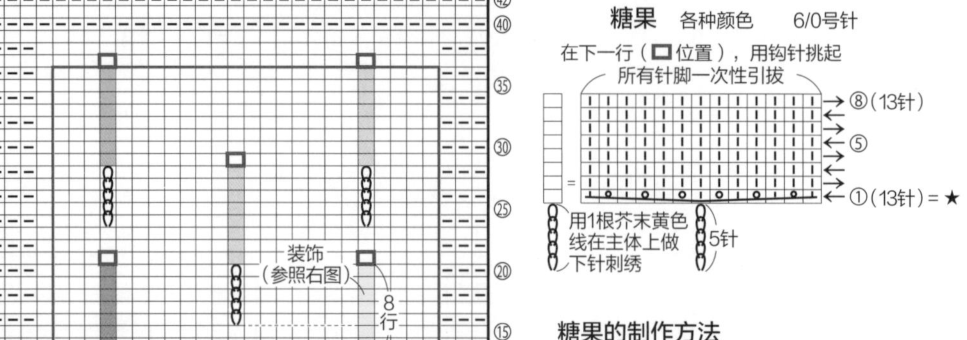

□＝▯ 下针

□＝1个花样24针32行

※糖果部分请参照右图，与主体一起编织（参照p.41, 42）

糖果的制作方法

在5处装饰图案的正面，分别用指定颜色的线（1/2分股线），呈漩涡状做锁链绣（参照p.79）。

糖果的锁链绣部分的配色

※参照配色表

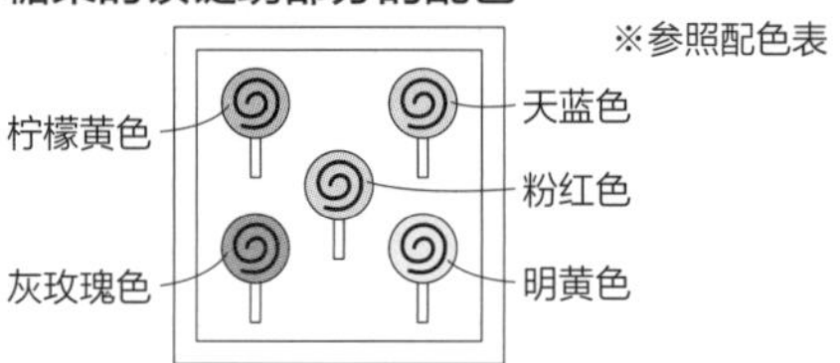

40

15cm×15cm

图片：p.22

和麻纳卡 Amerry

奶油色(2)…10g

珊瑚粉色(27)、灰玫瑰色(26)、

灰绿色(48)…各1g

棒针 6号

【p.5 作品实例的配色】

灰色(22)、桃粉色(28)、

灰黄色(1)、燕麦色(40)

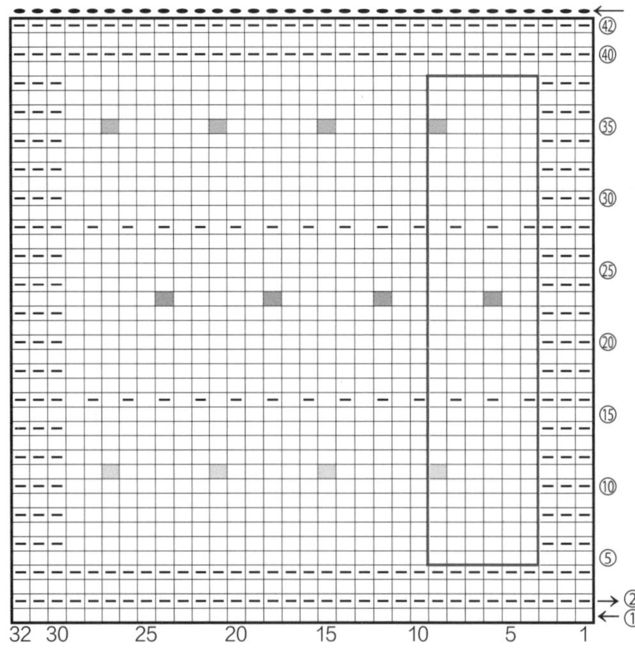

□＝1个花样6针34行

※参照左图，分别在第11、23、35行的4处用指定的配色线编织泡泡针（5针5行）

□＝▯ 下针

＝右上5针并1针

按p.43“右上4针并1针”的相同要领编织。

p.5使用实例的配色表

标记	作品40	泡泡针/主体
□	奶油色	灰色/灰色
■	珊瑚粉色	灰色/灰黄色
■	灰玫瑰色	桃粉色/燕麦色
□	灰绿色	灰黄色/桃粉色

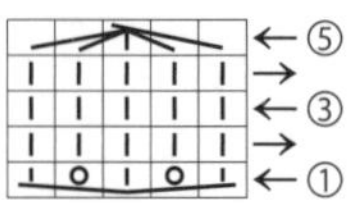

泡泡针

（按p.42“编出泡泡针”相同要领编织）

41

15cm×15cm

图片:p.23

重点教程:p.42

和麻纳卡 Amerry

奶油色(2)…10g

绿色(14)…4g

森绿色(34)…1.5g

深红色(5)、珊瑚粉色(27)…各1g

棒针 6号

钩针 4/0号

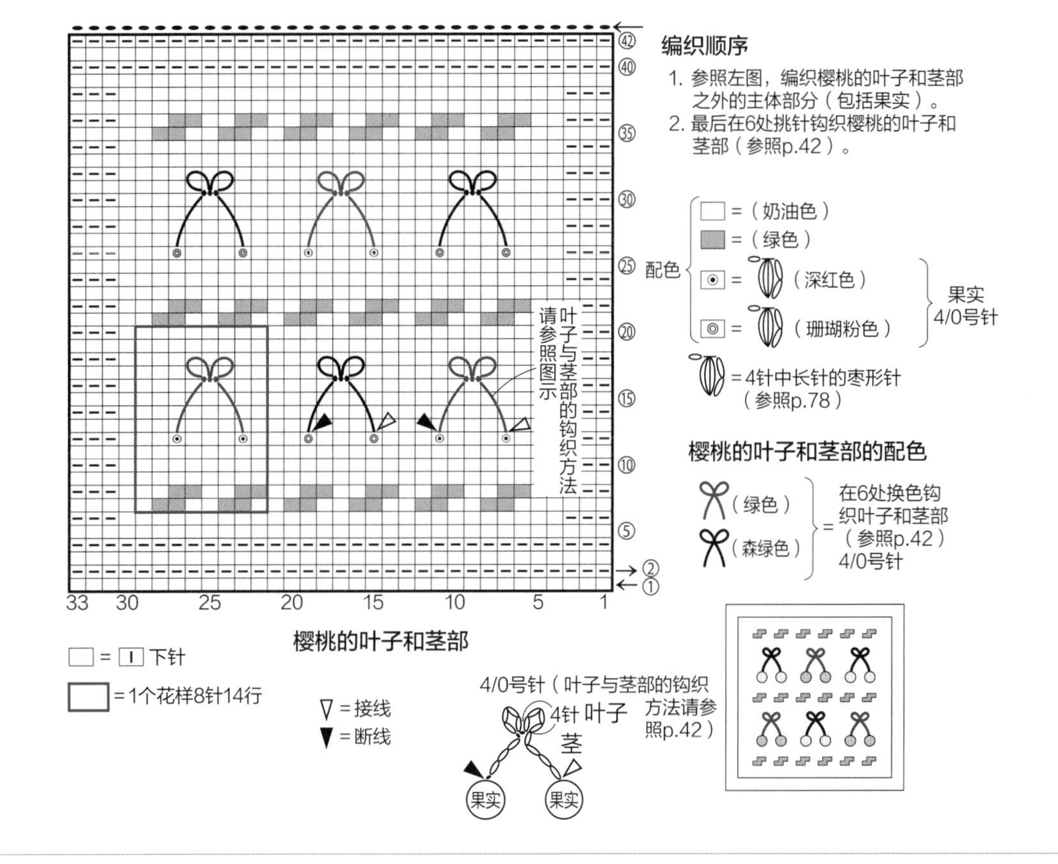

42

15cm×15cm

图片:p.23

和麻纳卡 Amerry

薄荷蓝色(45)…10g

奶白色(20)…3g

冰蓝色(10)…2g

棒针 6号

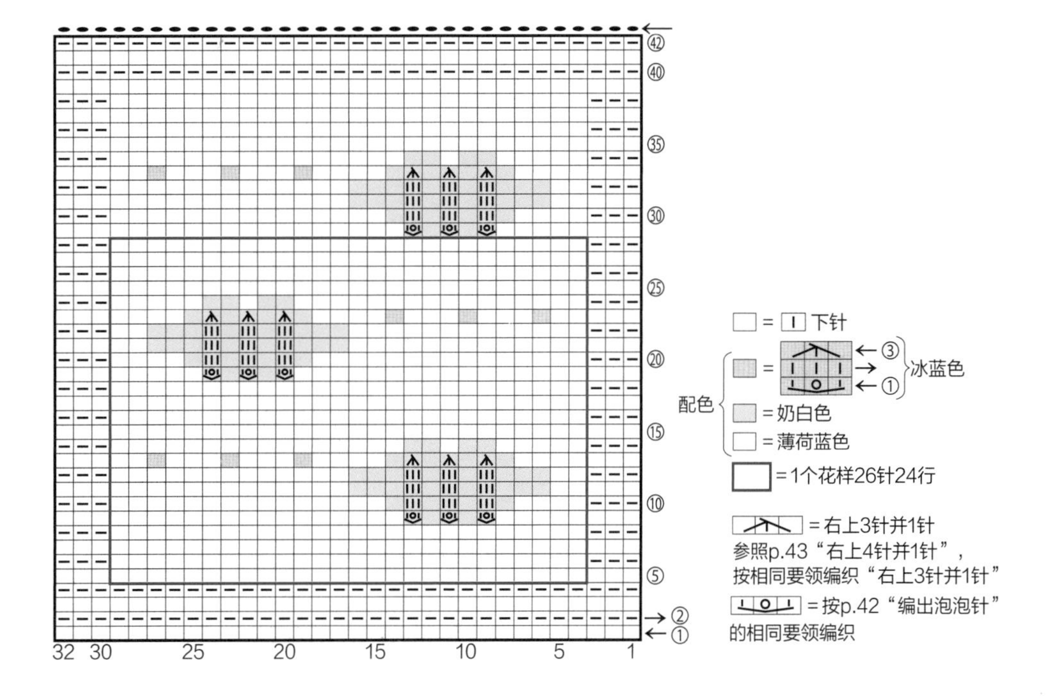

43

15cm×20cm

图片：p.26

重点教程：p.42

和麻纳卡 Amerry

灰绿色（48）…16g

粉红色（7）…3g

棒针 5号

钩针 4/0号

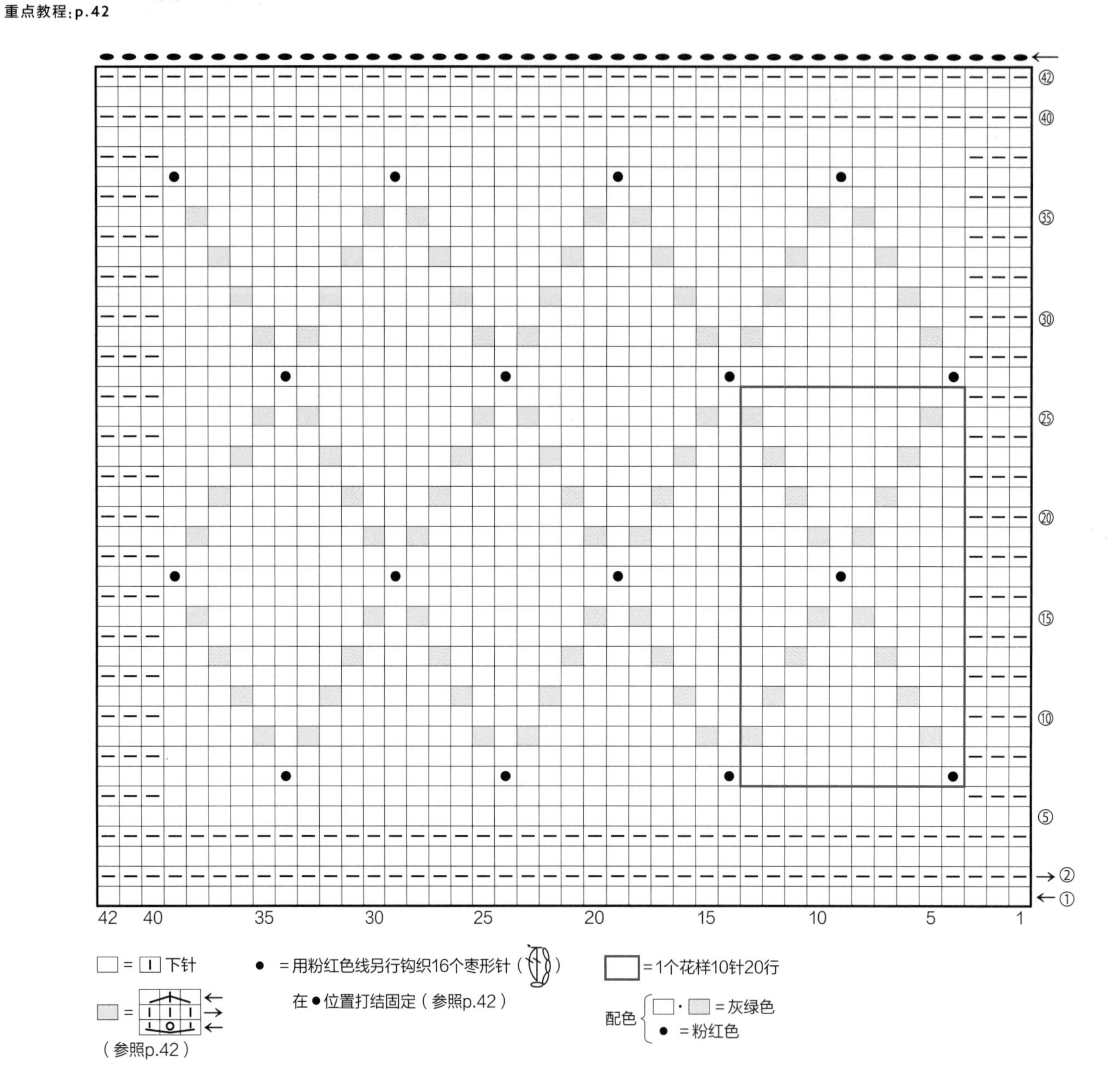

另行钩织枣形针的方法 4/0号钩针

1 用钩针钩4针锁针，如箭头所示在第1针的反面插入钩针，挂线后拉出。

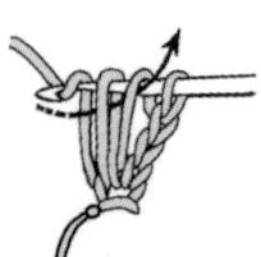

2 再次挂线，如箭头所示引拔穿过2个线圈。这是第1针未完成的长针。

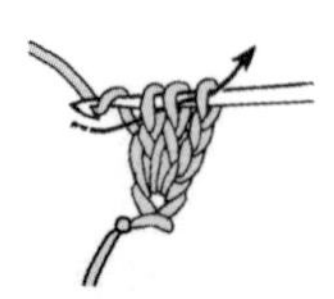

3 再重复1次步骤2。钩织2针未完成的长针后，挂线引拔穿过所有线圈。

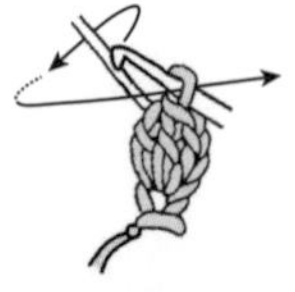

4 完成"2针长针的枣形针"后，如箭头所示挂线引拔。另行钩织的枣形针就完成了。

44

10cm×15cm

图片:p.27

和麻纳卡 Amerry
奶白色(20)…9g
棒针 5号
钩针 4/0号

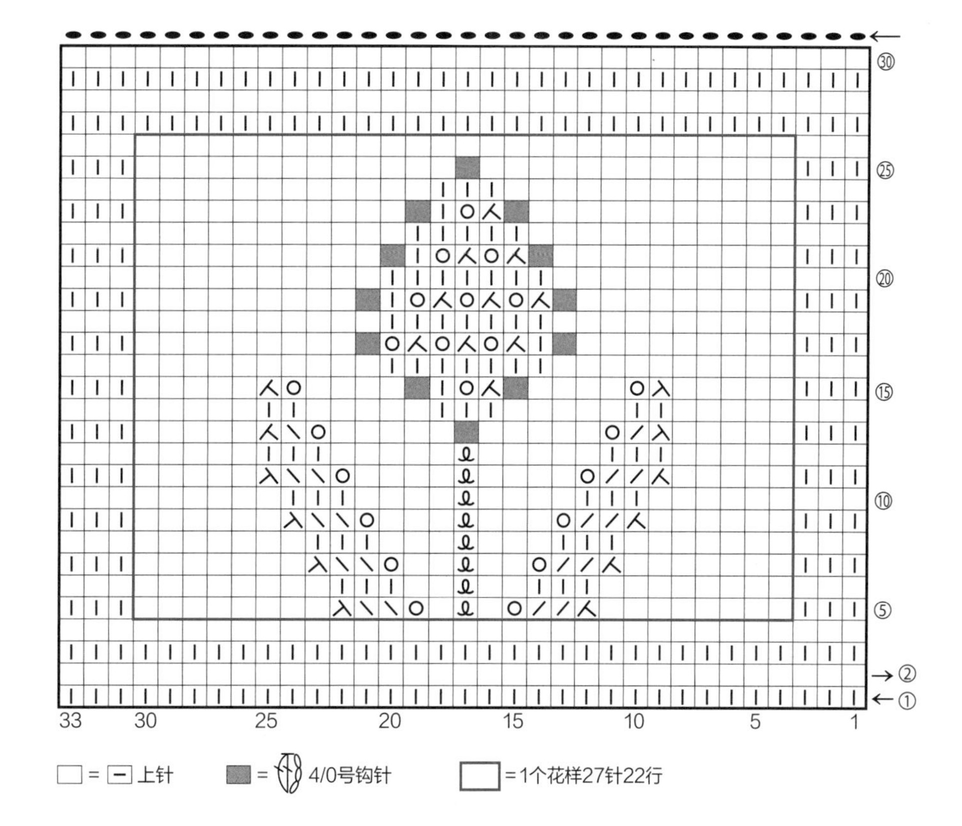

45

10cm×15cm

图片:p.27

和麻纳卡 Amerry
冰蓝色(10)…9g
棒针 5号
钩针 4/0号

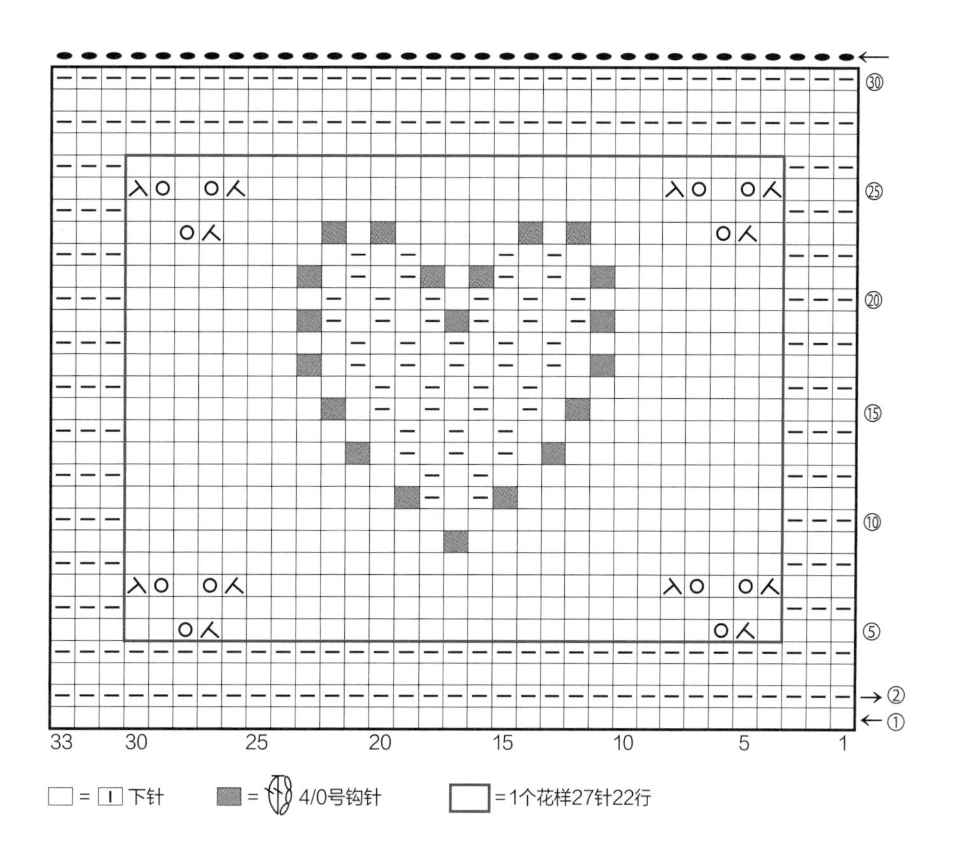

46

15cm×20cm

图片：p.28

达摩 Cheviot Wool

本白色（1）…21g

棒针 7号

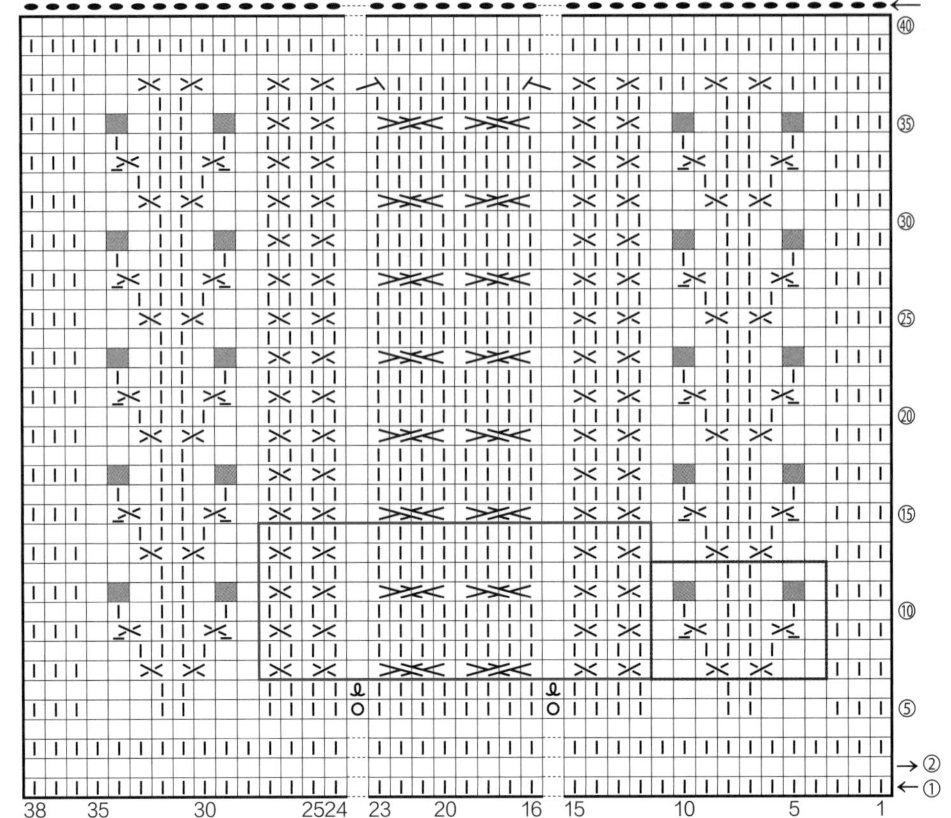

□ = ⊟ 上针

······ = 连续编织

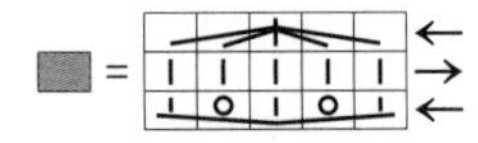

= 中上5针并1针

按p.42“中上3针并1针”的相同要领编织

按p.42“编出泡泡针”的相同要领编织

□ = 1个花样18针8行

□ = 1个花样8针6行

47

15cm×20cm

图片：p.28

达摩 Cheviot Wool

本白色（1）…22g

棒针 7号

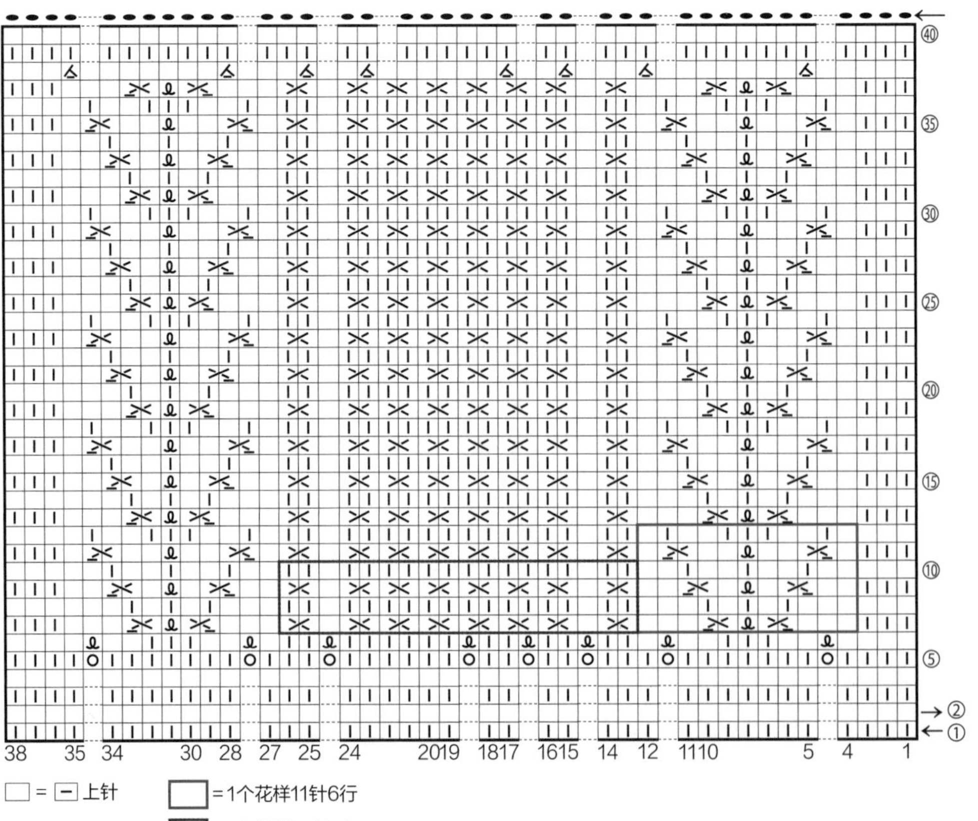

□ = ⊟ 上针

······ = 连续编织

□ = 1个花样11针6行

□ = 1个花样18针4行

48

15cm×20cm

图片:p.29

达摩 Cheviot Wool

本白色(1)…20g

棒针 7号

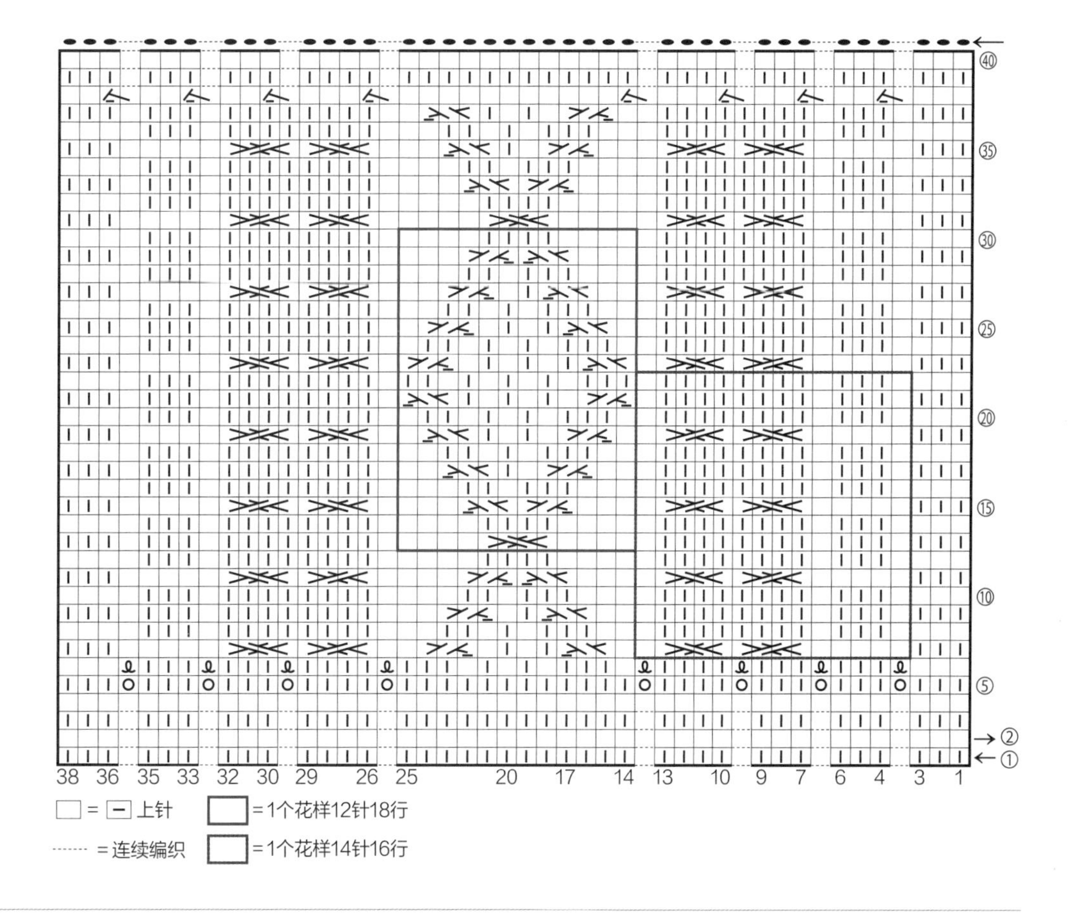

49

15cm×20cm

图片:p.29

达摩 Cheviot Wool

本白色(1)…22g

棒针 7号

= 右上2针交叉

= 左上2针交叉

※中间1针编织上针

= 扭针(参照p.44)

= 扭针(上针)(参照p.44)

42 40 35 30 25 20 15 10 5 2 1

a b c d

38 36 35 32 31 30 28 27 25 24 22 20 18 17 14 13 10 9 7 4 3 1

□ = ⊟ 上针

······ = 连续编织

a = 1个花样6针6行

b = 1个花样11针8行

c = 1个花样17针8行

d = 1个花样4针4行

50

10cm×15cm

图片:p.32

重点教程:p.43

芭贝 Princess Anny

翠绿色(553)、本白色(547)…各5.5g

棒针 5号

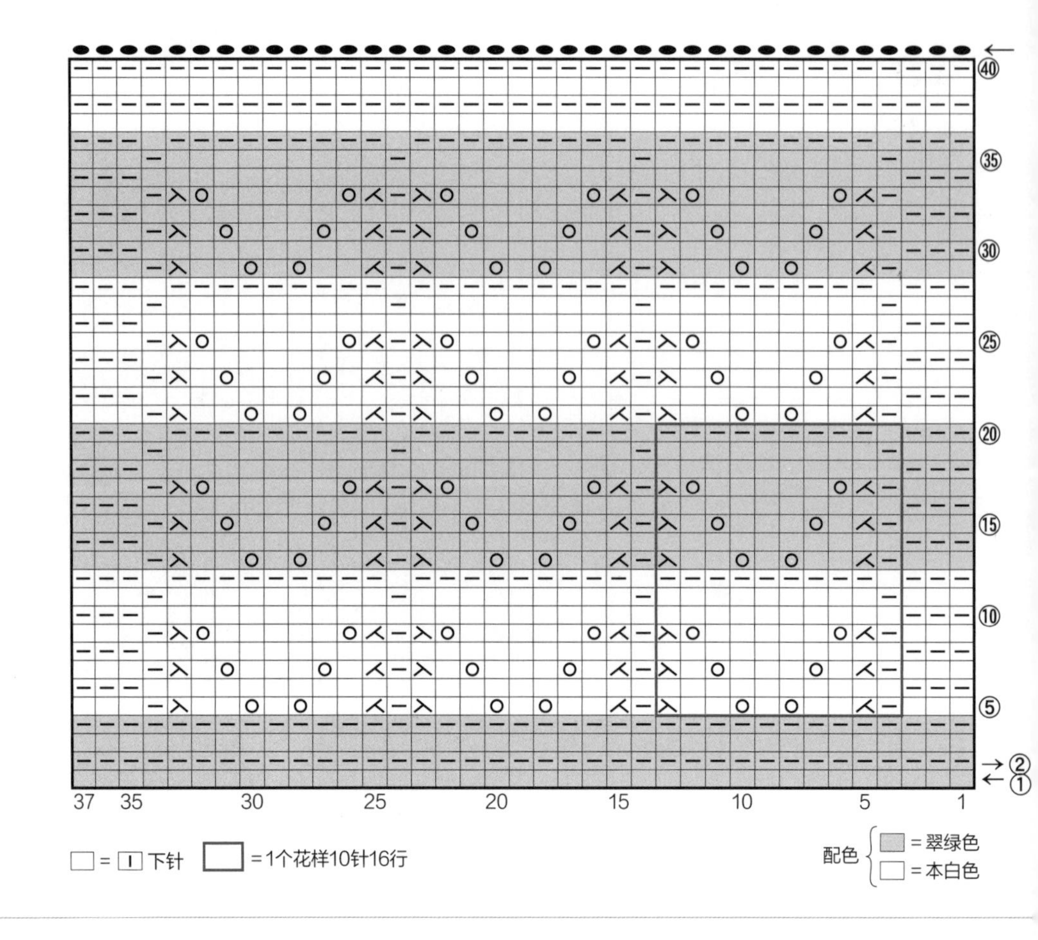

51

10cm×15cm

图片:p.32

重点教程:p.43

和麻纳卡 Amerry F (粗)

白色(501)…6.5g

棒针 5号

【p.24 作品实例的配色】

米灰色(522)

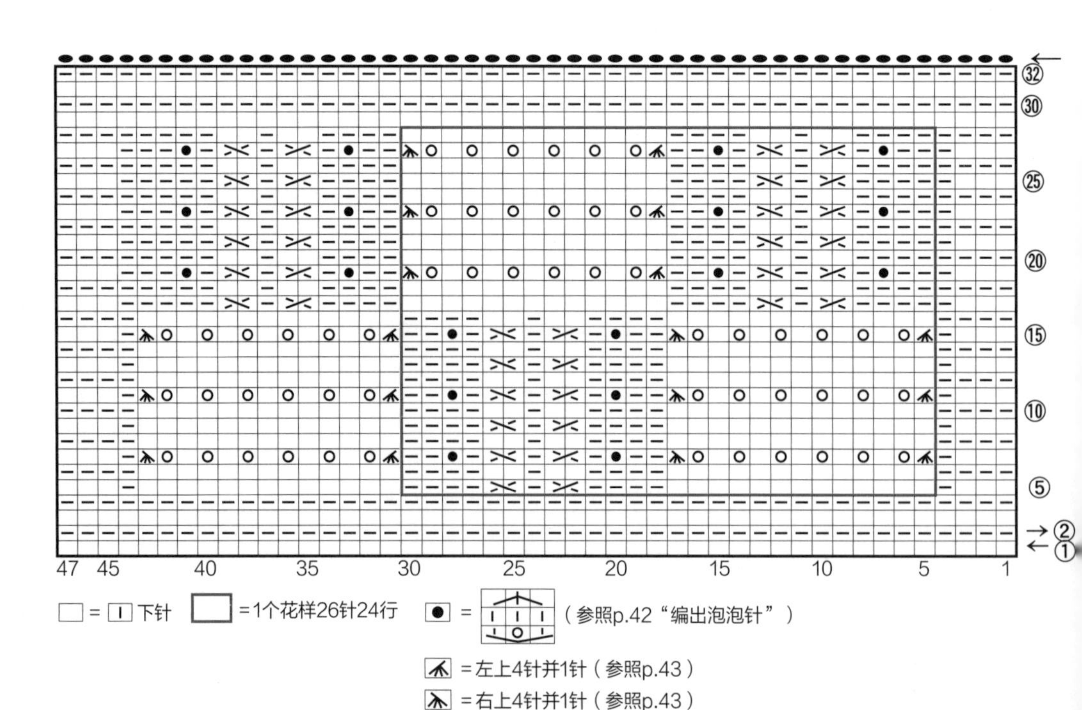

52

10cm×15cm

图片: p.33

重点教程: p.43

芭贝 Queen Anny

浅灰色 (976) …6.5g

酸橙黄色 (105)、

粉红色 (938)、

浅蓝色 (106) …各 3g

棒针 6号

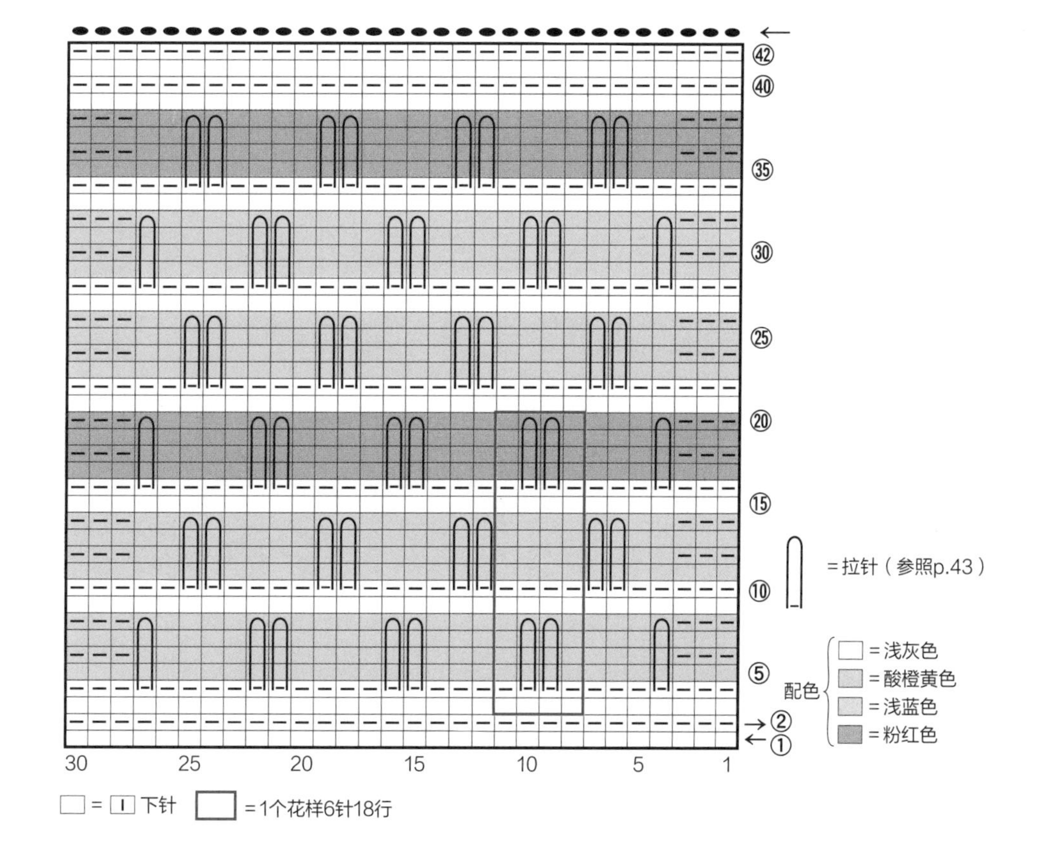

53

10cm×15cm

图片: p.33

和麻纳卡 Amerry

深红色 (5) …9.5g

棒针 6号

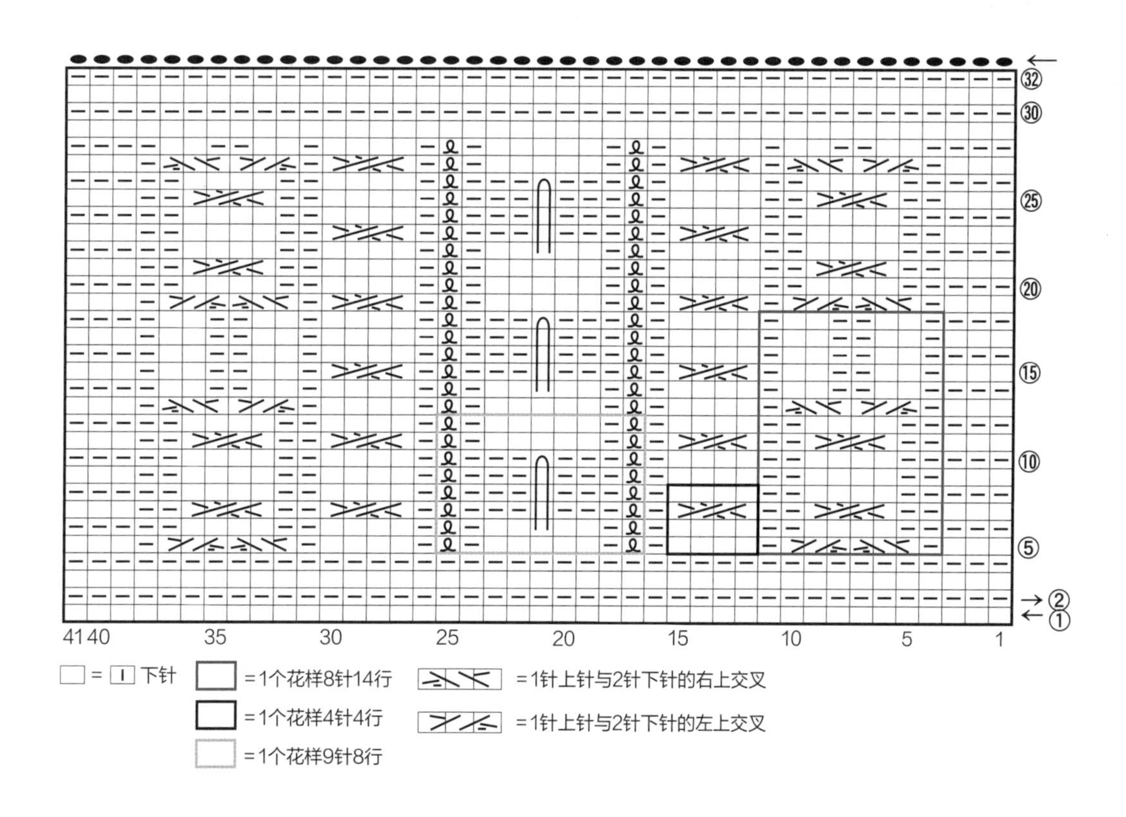

54

15cm×20cm

图片：p.32

重点教程：p.44

达摩 Airy Wool Alpaca

蓝灰色（5）…12g

棒针　5号

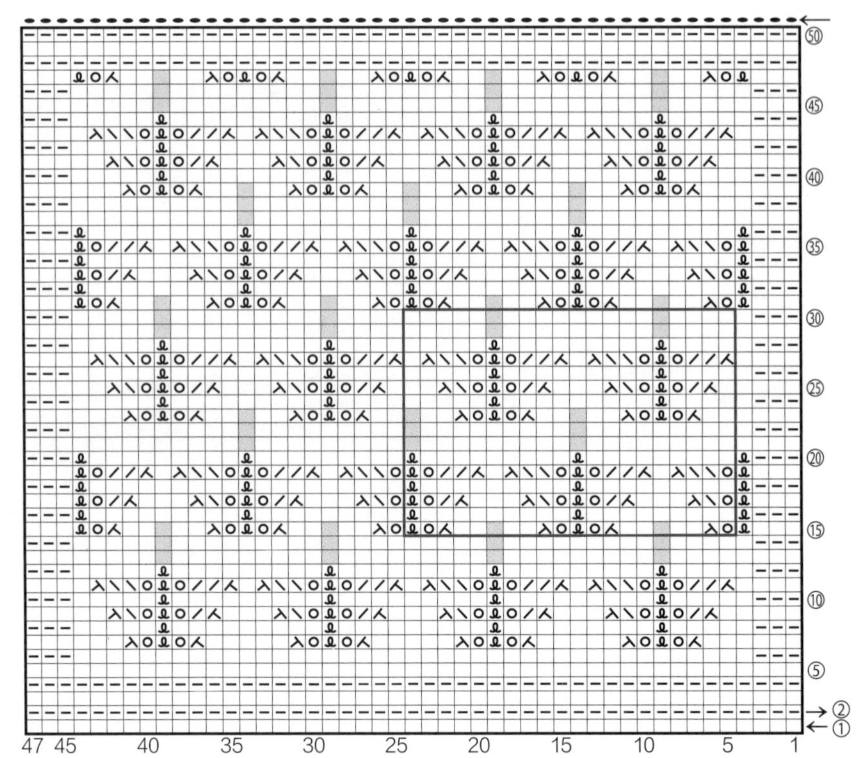

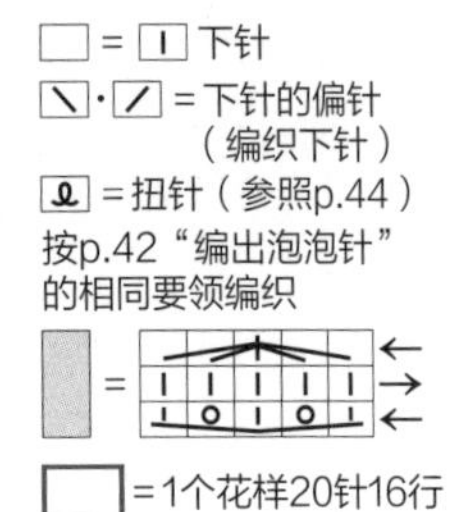

□ = 〡 下针

⟍·⟋ = 下针的偏针（编织下针）

扭针（参照p.44）

按p.42"编出泡泡针"的相同要领编织

□ = 1个花样20针16行

55

15cm×20cm

图片：p.32

达摩 Airy Wool Alpaca

棕色（3）…12g

棒针　5号

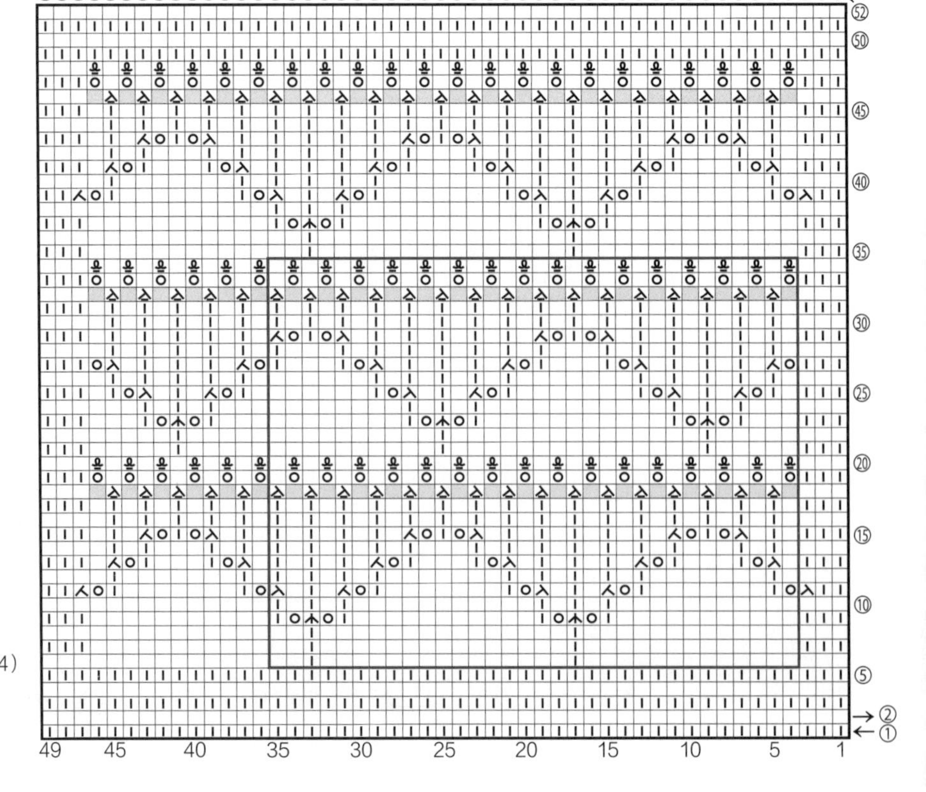

□ = ⊟ 上针

扭针（上针）（参照p.44）

= 表示此格无针脚

□ = 1个花样32针29行

56

15cm×15cm

图片:p.33

重点教程:p.44

达摩 Airy Wool Alpaca

本白色(1)…9g

棒针　5号

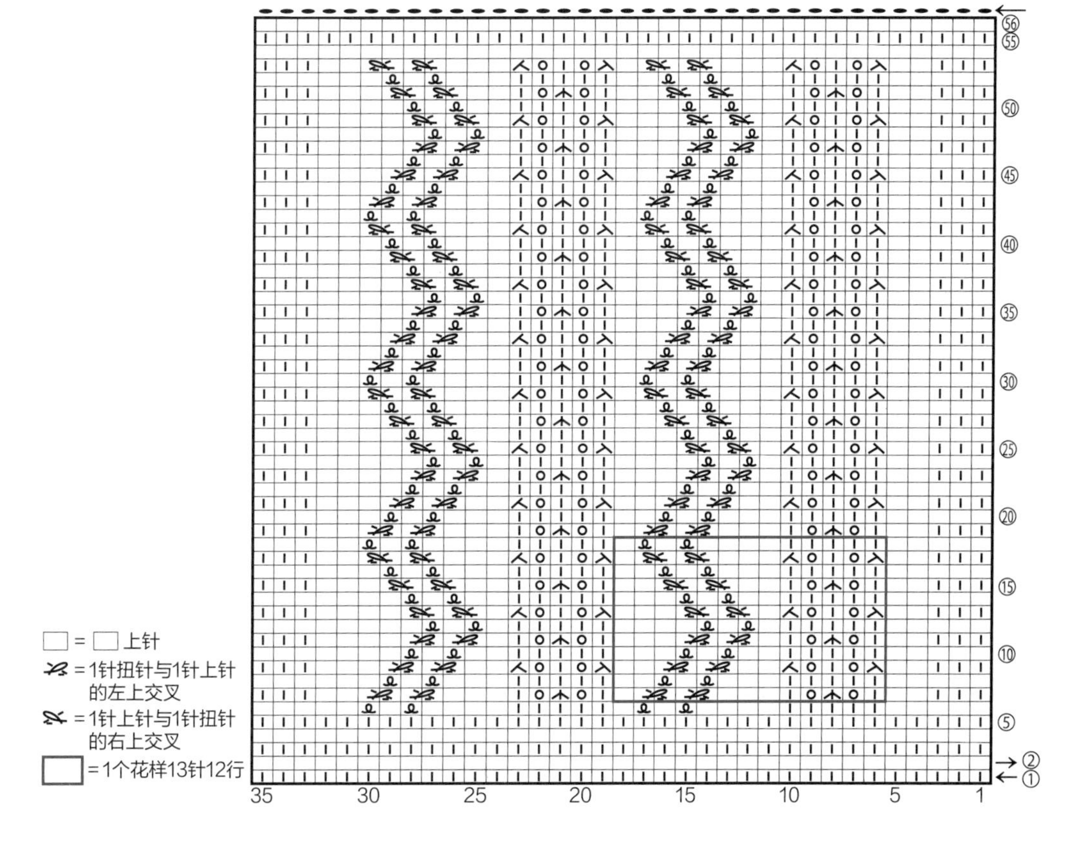

57

15cm×15cm

图片:p.33

达摩 Airy Wool Alpaca

燕麦色(2)…9g

棒针　5号

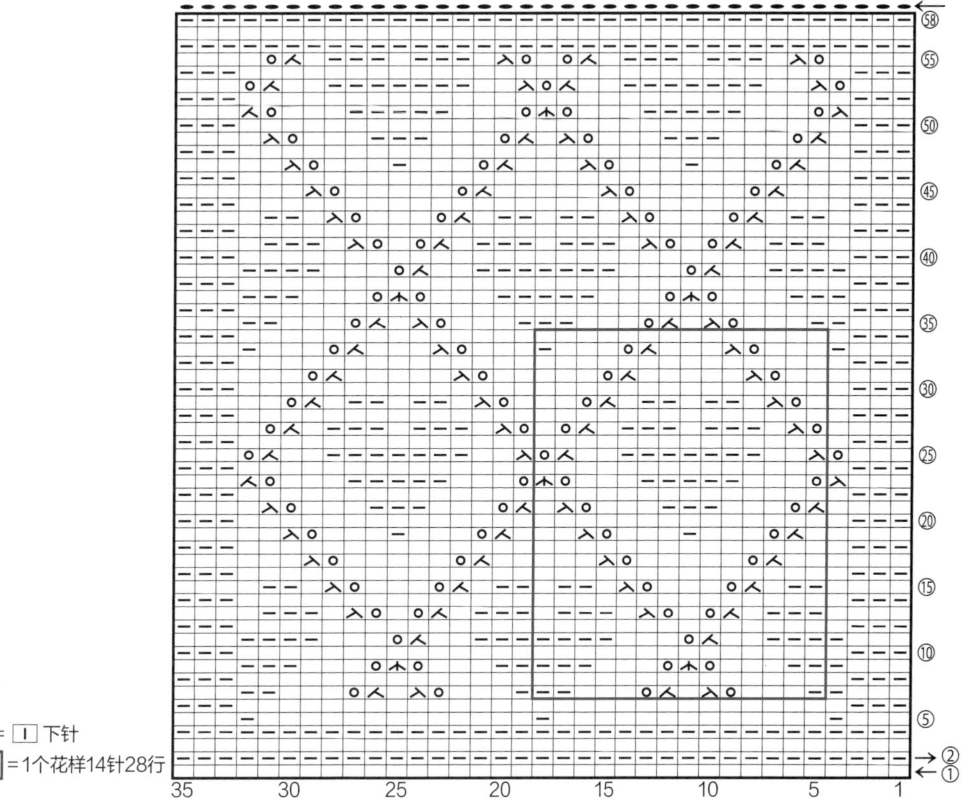

58

15cm×20cm

图片:p.34

和麻纳卡 Amerry

奶白色(20)…14g

暗红色(6)、粉红色(7)、丁香紫色(42)、灰绿色(48)…各少量

棒针 5号

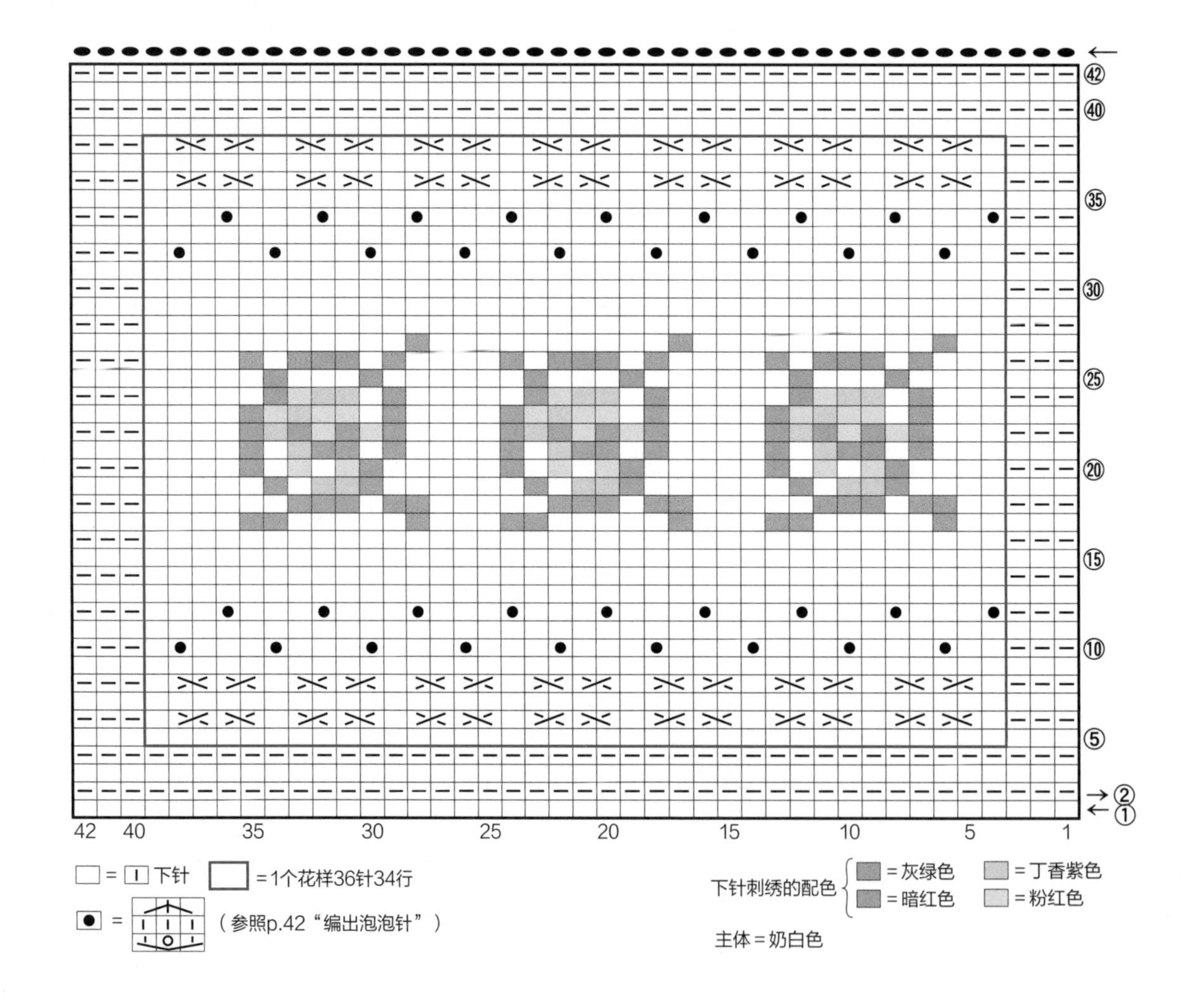

59

10cm×15cm

图片：p.35

和麻纳卡 Amerry
灰玫瑰色（26）…8g
粉红色（7）、丁香紫色（42）、
暗红色（6）、灰绿色（48）…各少量
棒针 5号
钩针 4/0号

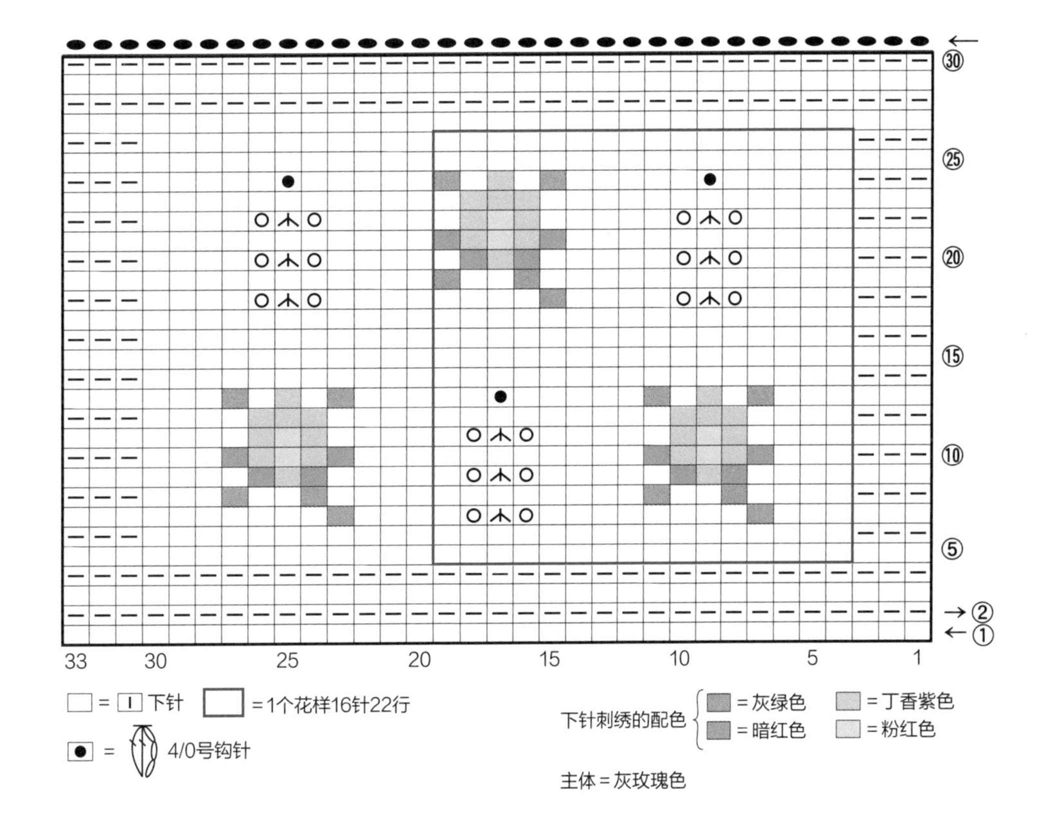

60

10cm×15cm

图片：p.35

和麻纳卡 Amerry
水色（29）…8g
奶白色（20）、
绿色（14）、明黄色（31）…各少量
棒针 5号

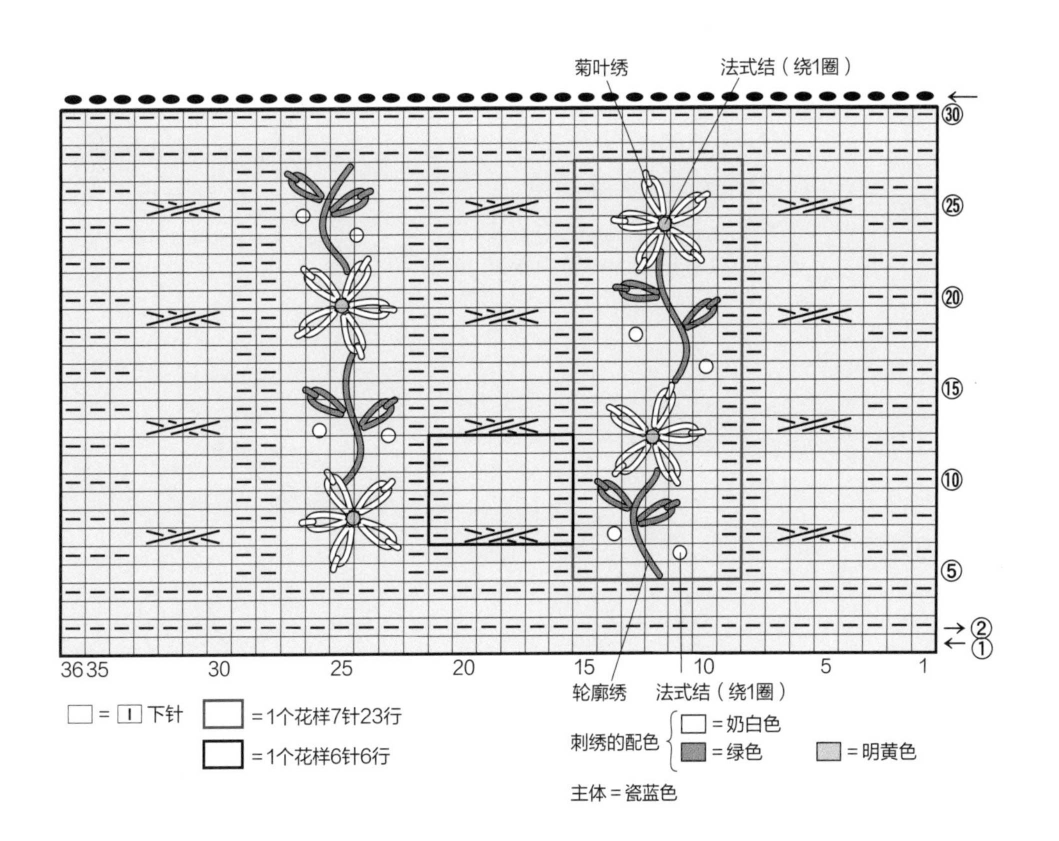

棒针编织基础

【本书使用的起针方法】

起始针的制作方法

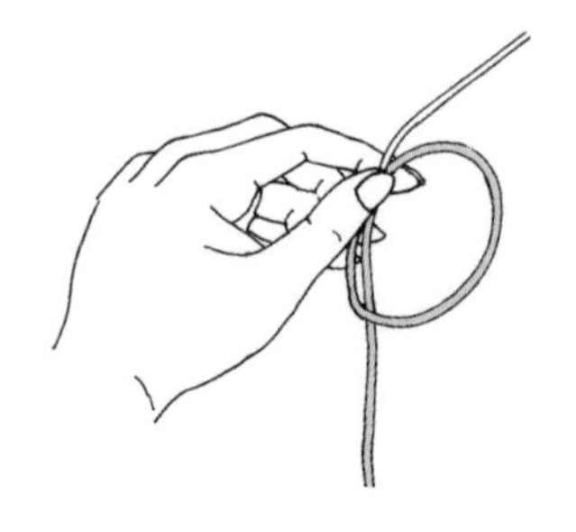

1　留出大约3倍于织物宽度的线头，制作一个线环。

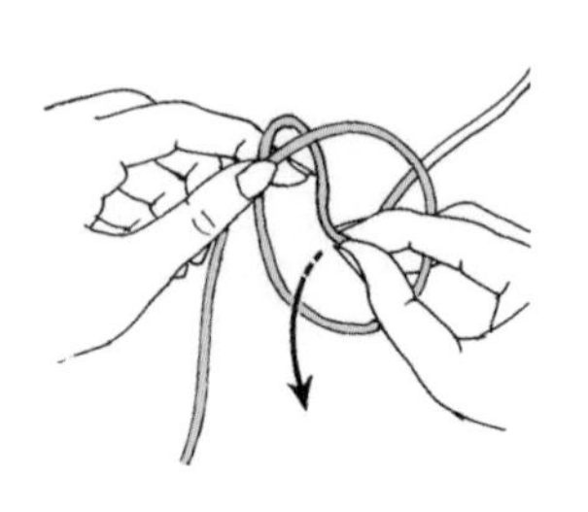

2　用右手的拇指和食指从线环中拉出线。

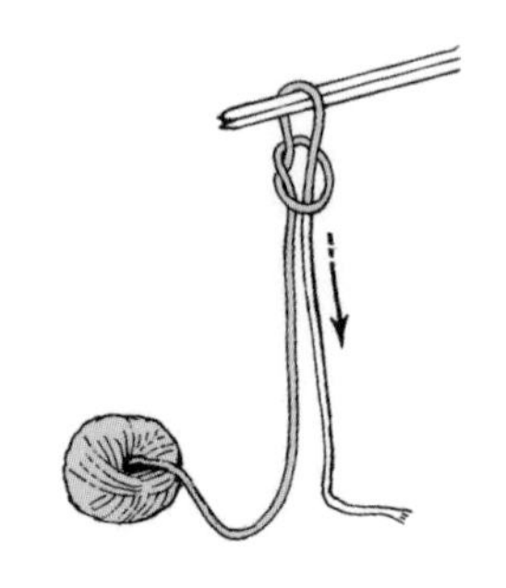

3　在拉出的线中穿入2根棒针，拉动线头一侧形成线圈，收紧线结。此为第1针。

起针（第1行）

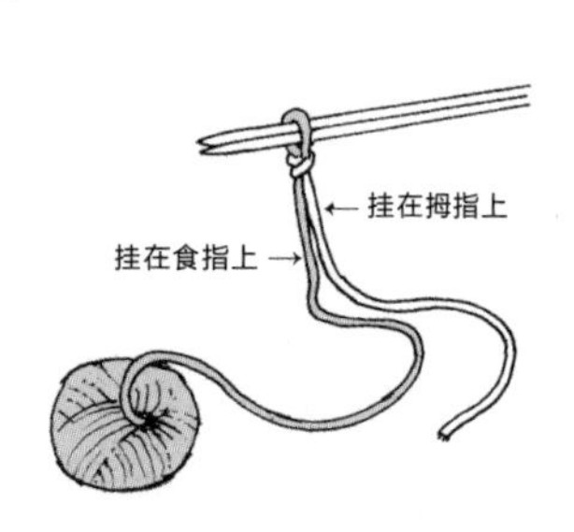

1　第1针完成后，将线团一侧的线挂在左手的食指上，将线头一侧的线挂在拇指上。

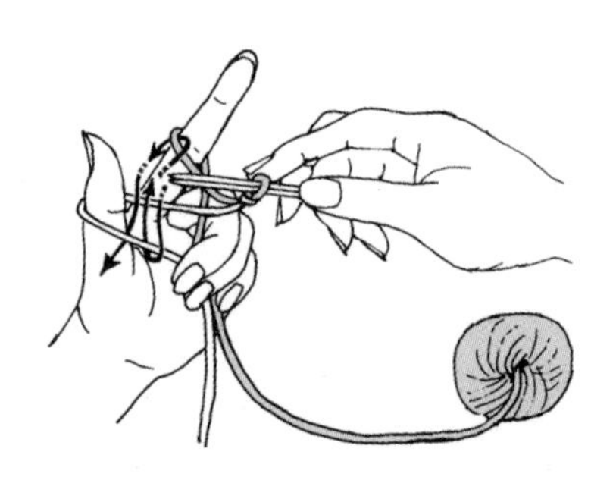

2　如箭头所示转动棒针，在针头挂线。

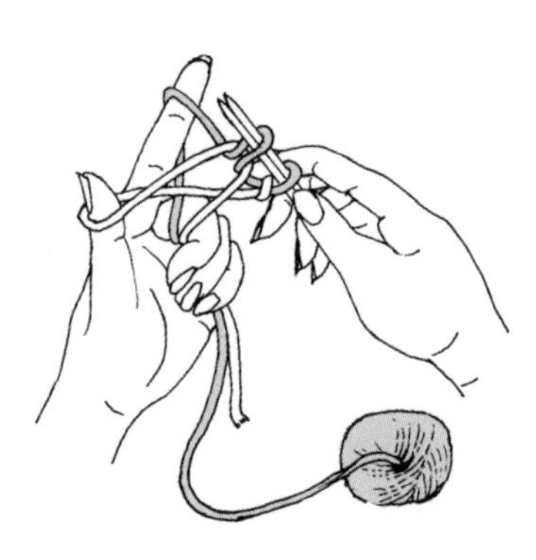

3　慢慢放开拇指上的线。

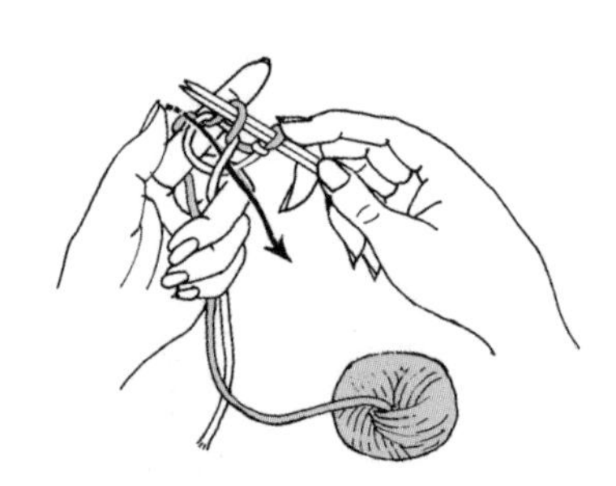

4　如箭头所示插入拇指，将线向外侧拉紧。

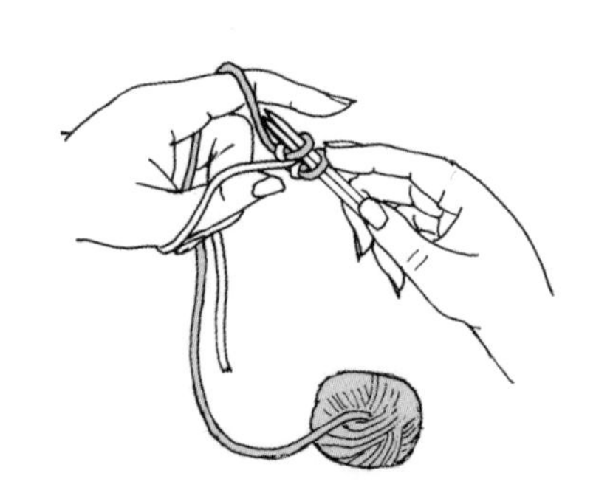

5　第2针完成。从第3针开始，按步骤2~4的要领继续起针。

6　起针（第1行）完成后，抽出1根棒针，接着用抽出的这根棒针编织。

针法符号

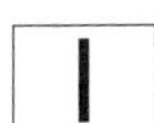

下针

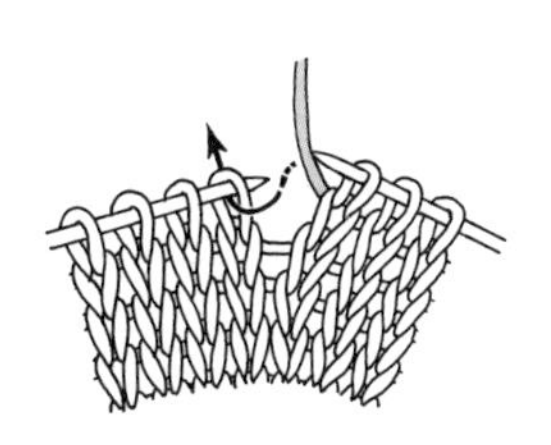

1 将线放在后面，从前往后插入右棒针。

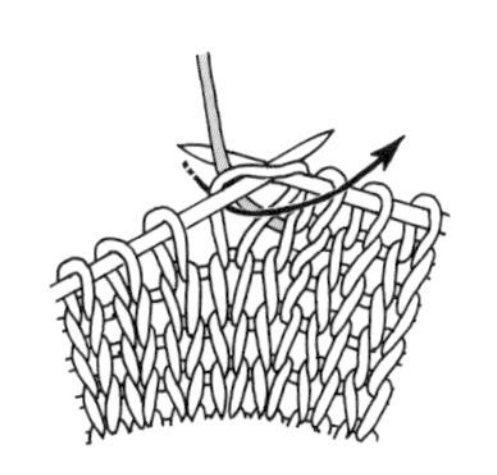

2 在右棒针上挂线，如箭头所示向前拉出。

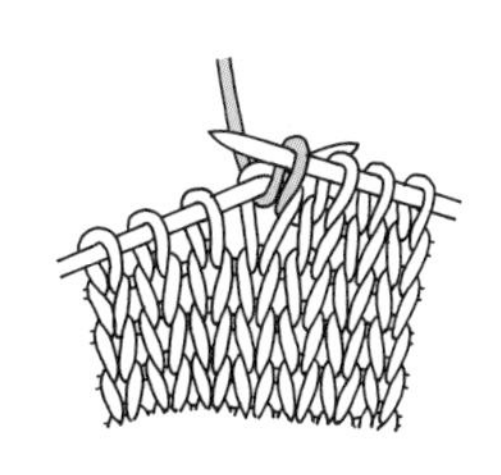

3 用右棒针拉出线后，退出左棒针。

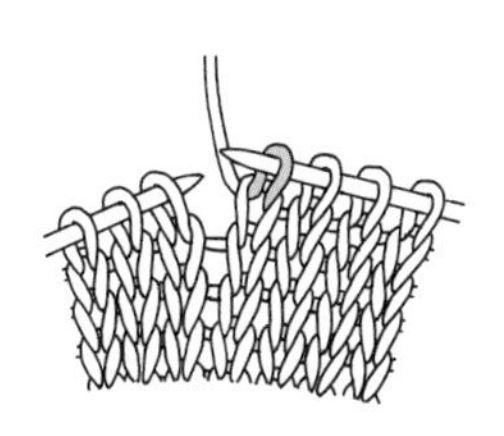

4 下针完成。

上针

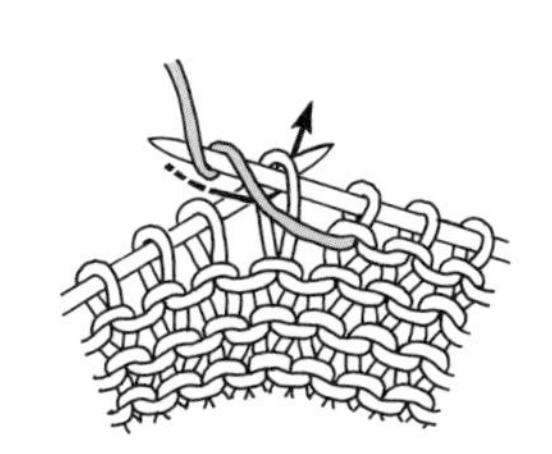

1 将线放在前面，如箭头所示从后往前插入右棒针。

2 如图所示挂线，再如箭头所示向后侧拉出线。

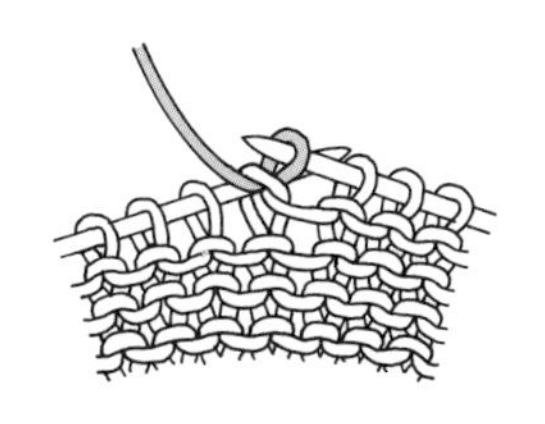

3 用右棒针拉出线后，退出左棒针。

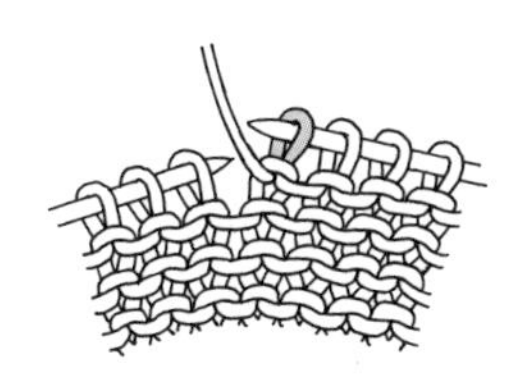

4 上针完成。

挂针

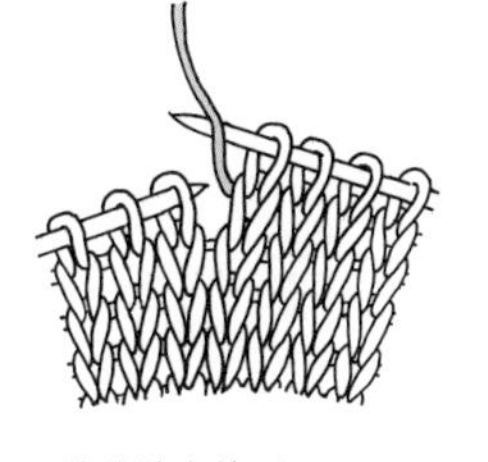

1 将线放在前面。

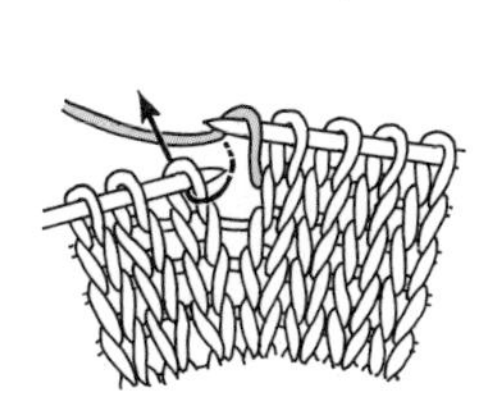

2 如图所示将线从前往后挂在右棒针上，接着如箭头所示在下一针里插入右棒针编织。

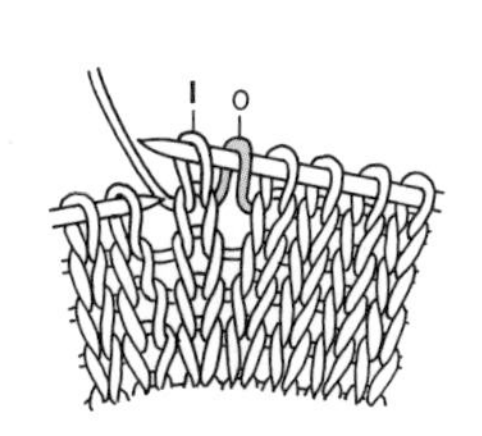

3 编织1针挂针和1针下针后的状态。

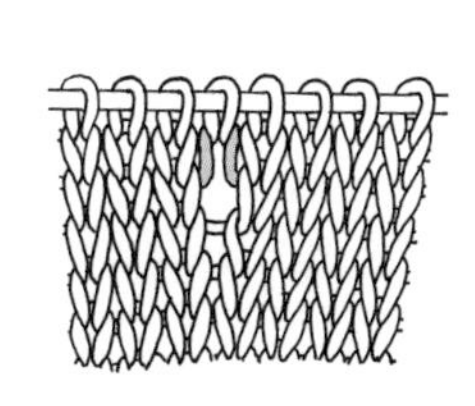

4 编织下一行后的状态。挂针位置出现一个小洞，相当于加了1针。

中上3针并1针

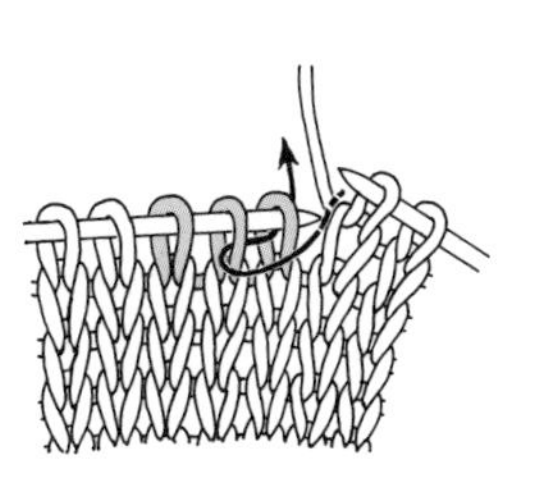

1 如箭头所示在左棒针的2针里插入右棒针，不编织，直接移至右棒针上。

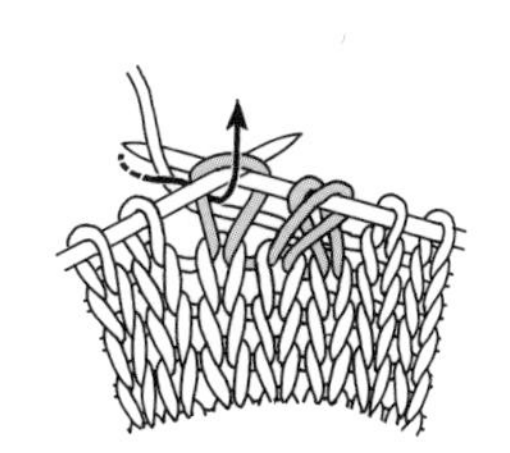

2 在第3针里插入右棒针后挂线，编织下针。

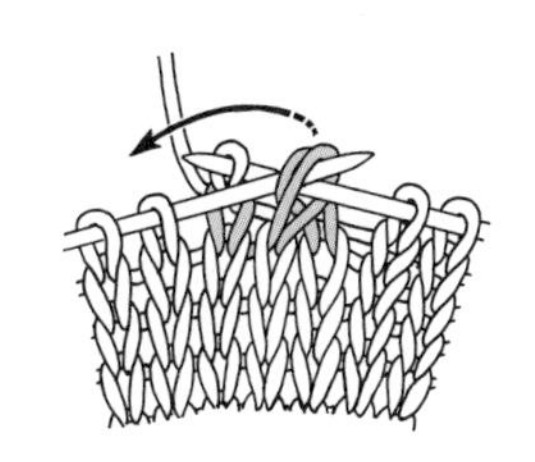

3 在步骤1中移过来的2针里插入左棒针，如箭头所示将其覆盖在左边的1针上。

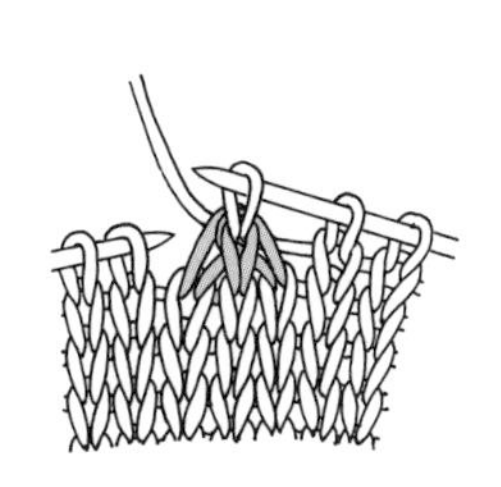

4 中上3针并1针完成。

| 针法符号 |

右上2针并1针

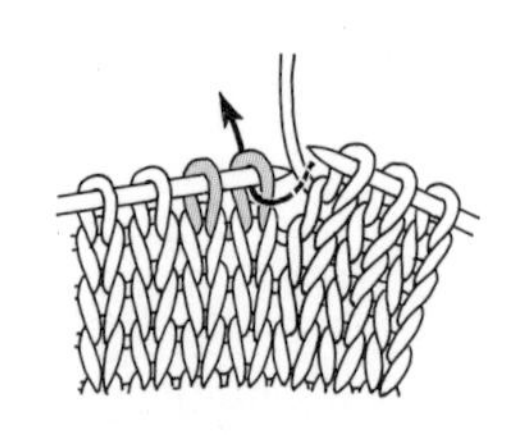

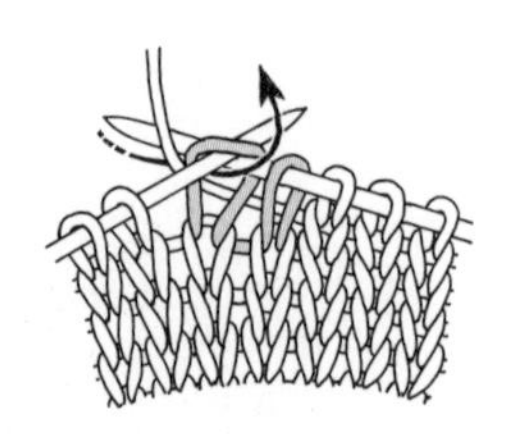

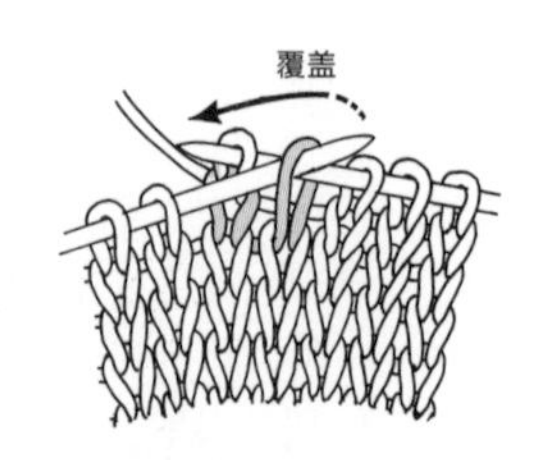

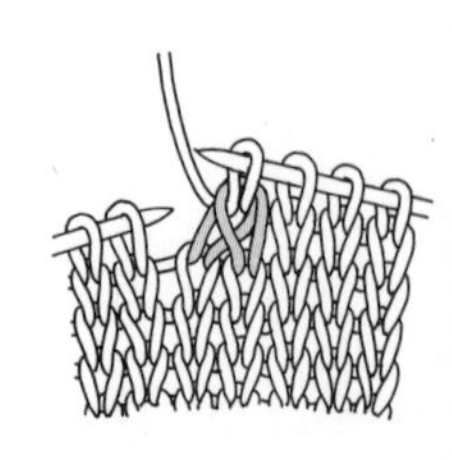

1 如箭头所示从前往后插入右棒针，不编织，直接移至右棒针上，改变线圈的朝向。

2 在左棒针的下一针里插入右棒针，挂线，编织下针。

3 在步骤1中移至右棒针上的线圈里插入左棒针，如箭头所示将其覆盖在左边的线圈上。

4 右上2针并1针完成。

左上2针并1针

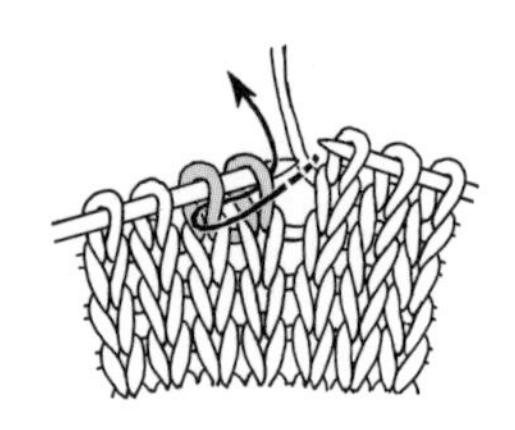

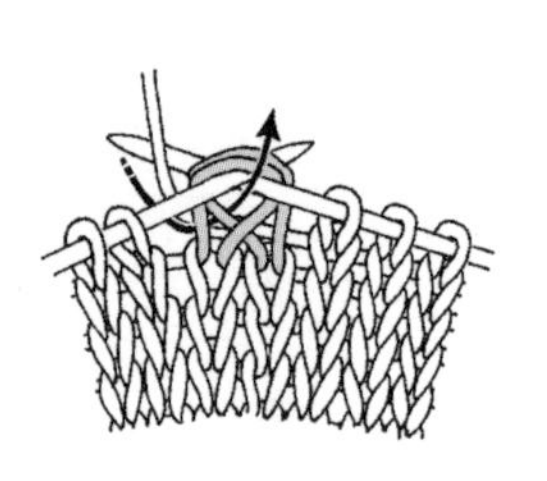

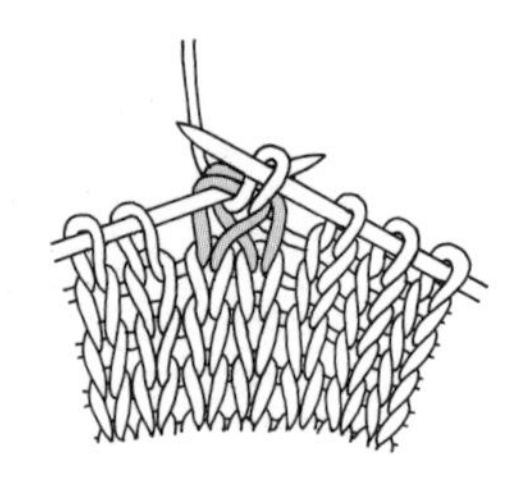

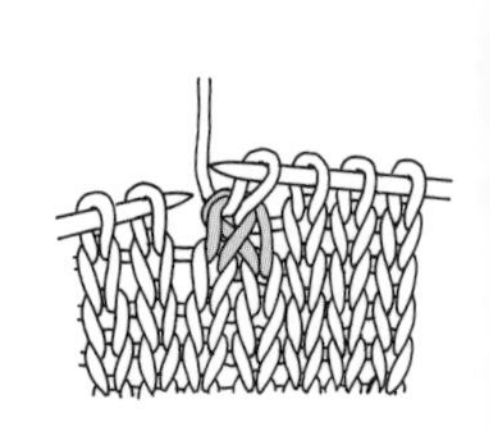

1 如箭头所示，从2针的左侧一起插入右棒针。

2 如箭头所示挂线，在2针里一起编织。

3 用右棒针拉出线后，退出左棒针。

4 左上2针并1针完成。

上针的右上2针并1针

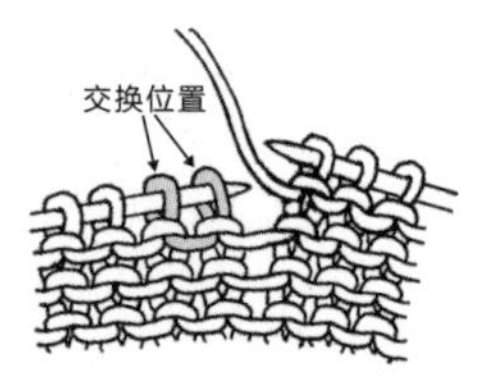

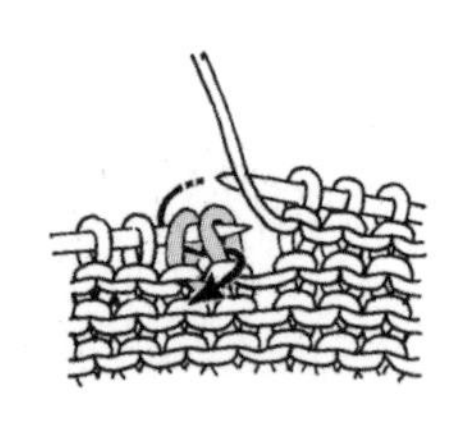

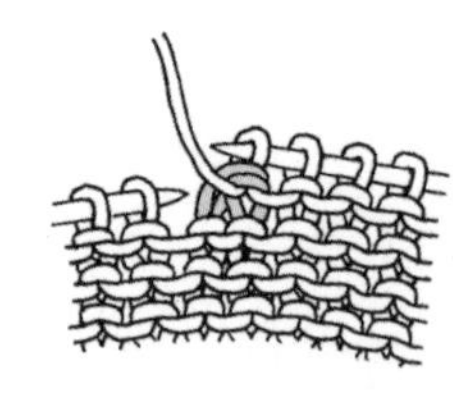

1 将左棒针的边上2针交换位置，使右侧的线圈重叠在前面。

2 如箭头所示插入右棒针，挂线，编织2针并1针。

3 ※也可以如箭头所示在左棒针的2针里插入右棒针编织。

4 上针的右上2针并1针完成。

上针的左上2针并1针

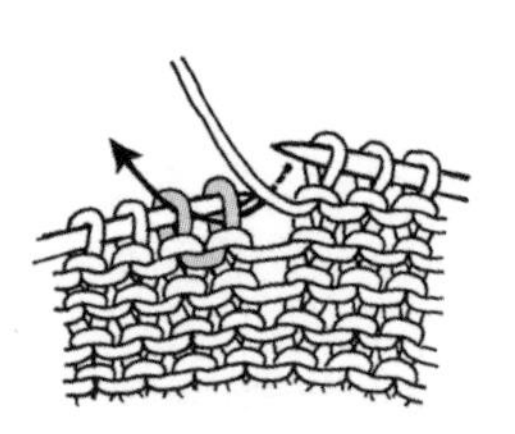

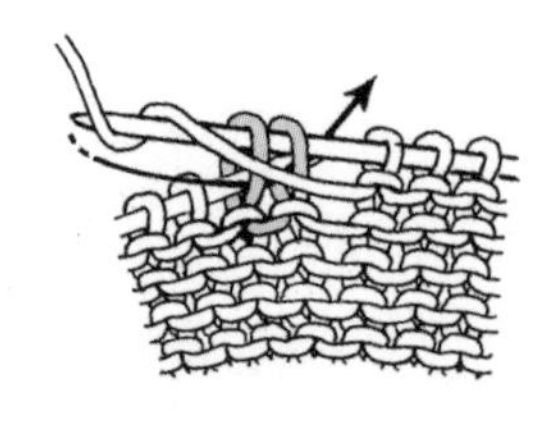

1 如箭头所示，在左棒针的2针里一起插入右棒针。

2 在针头挂线，如箭头所示拉出。

3 在2针里一起编织上针后，退出左棒针。

4 上针的左上2针并1针完成。

| 针法符号 |

左上 1 针交叉

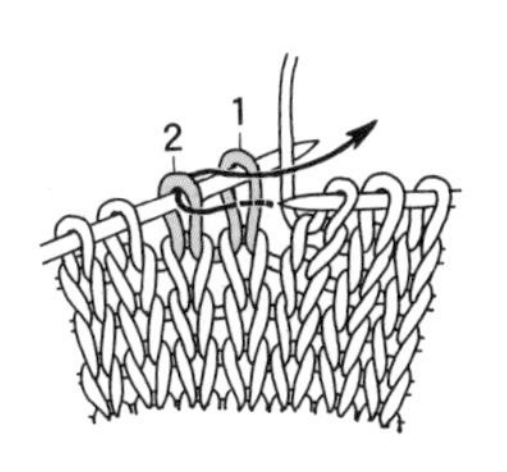

1 如箭头所示，从线圈 1 的前面将右棒针插入线圈 2 里。

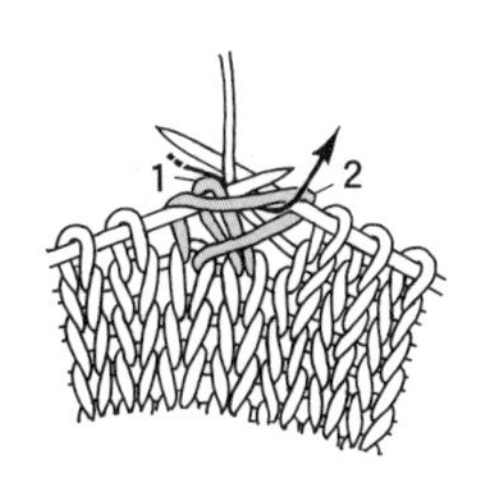

2 将线圈 2 拉至右侧，挂线，编织下针。

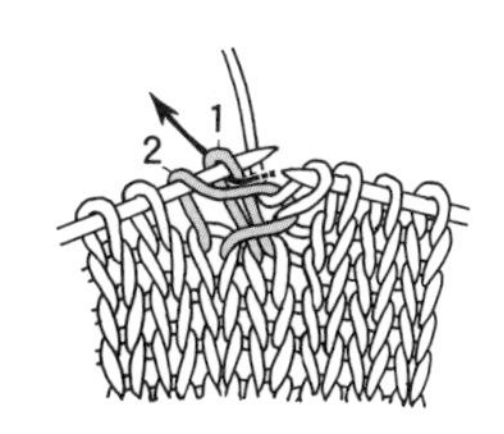

3 将线圈 2 留在左棒针上，接着在线圈 1 里编织下针。

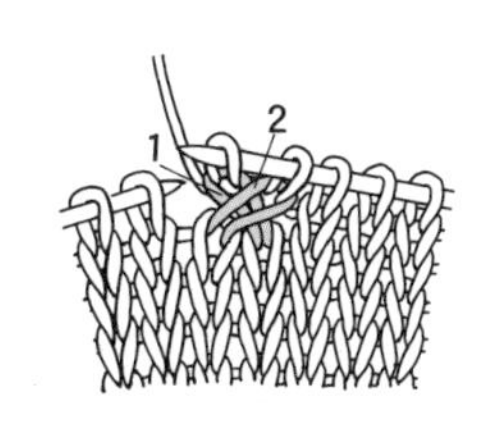

4 取下线圈 2，左上 1 针交叉完成。

右上 1 针交叉

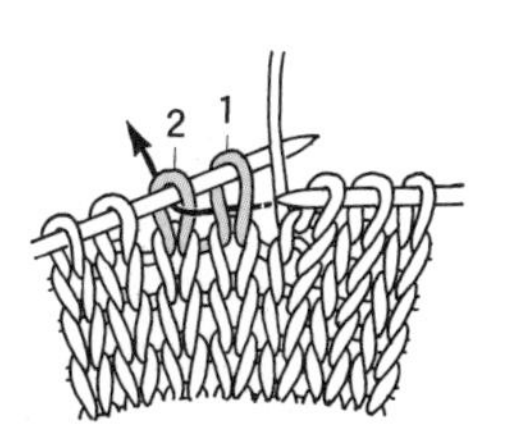

1 从线圈 1 的后面将右棒针插入线圈 2 里。

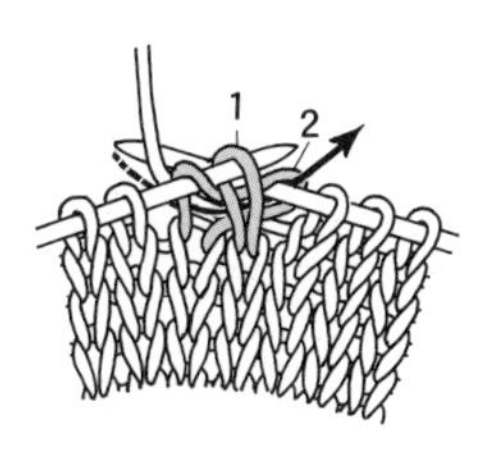

2 挂线后如箭头所示拉出，编织下针。

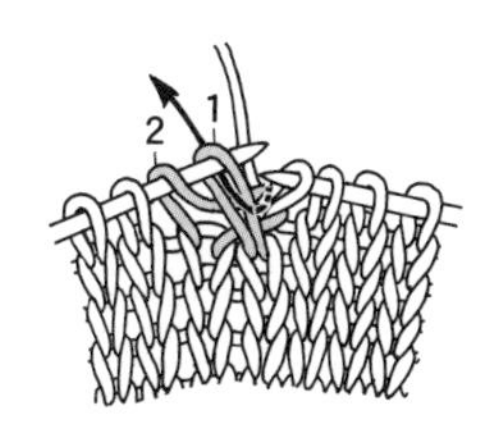

3 将线圈 2 留在左棒针上，接着如箭头所示在线圈 1 里插入右棒针，编织下针。

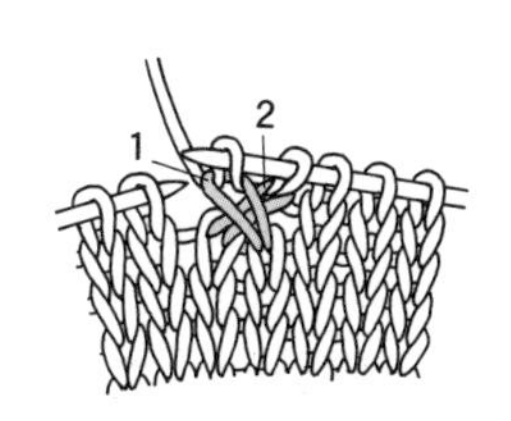

4 取下左棒针上的线圈 2，右上 1 针交叉完成。

左上 1 针交叉
(下侧为上针)

1 将线放在后面，在线圈 2 里插入右棒针。

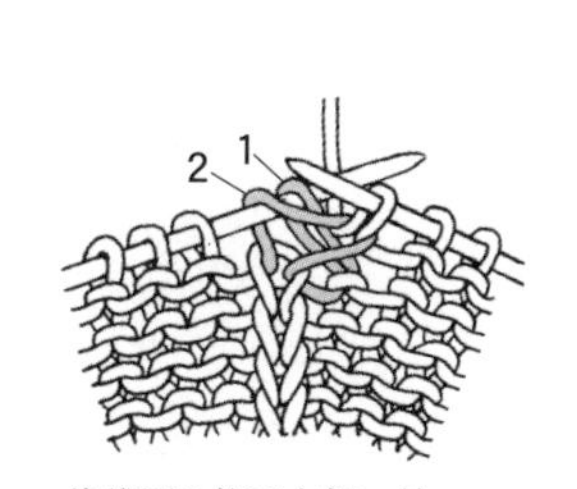

2 将线圈 2 拉至右侧，挂线，编织下针。

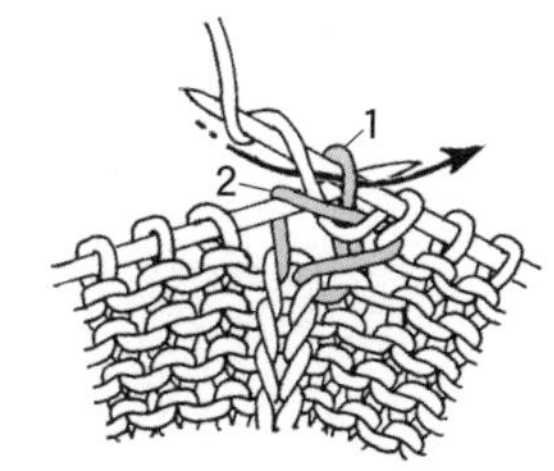

3 将线圈 2 留在左棒针上，接着如箭头所示在线圈 1 里插入右棒针编织上针。

4 退出左棒针，左上 1 针交叉 (下侧为上针) 完成。

右上 1 针交叉
(下侧为上针)

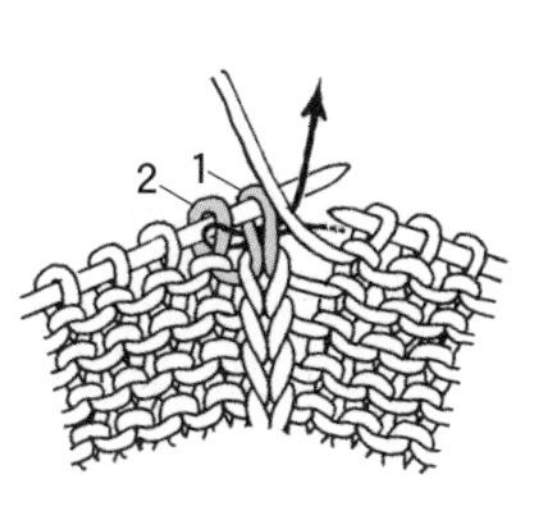

1 从线圈 1 的后面将右棒针插入线圈 2 里。

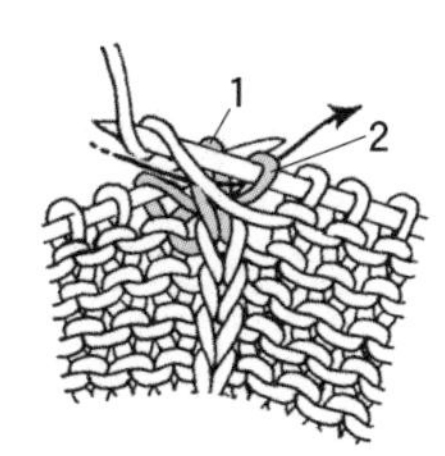

2 将线圈 2 拉至右侧，挂线，编织上针。

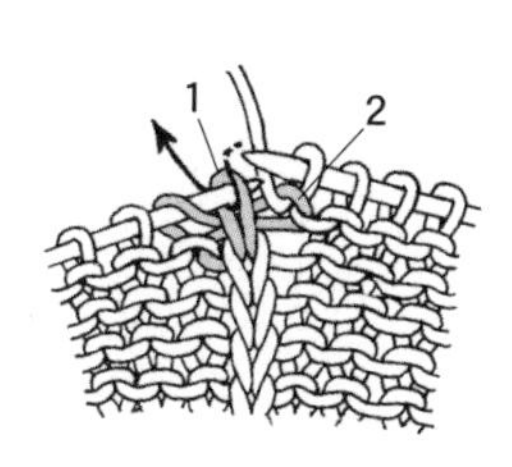

3 将线圈 2 留在左棒针上，接着在线圈 1 里编织下针。

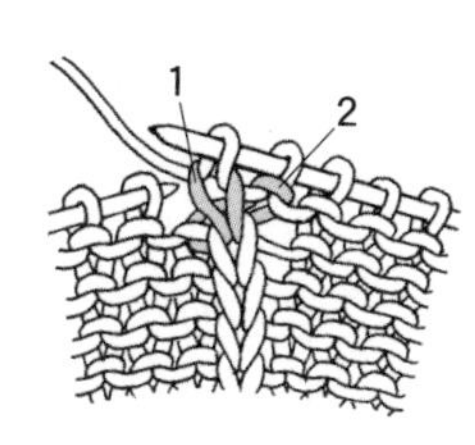

4 取下左棒针上的线圈 2，右上 1 针交叉 (下侧为上针) 完成。

| 针法符号 |

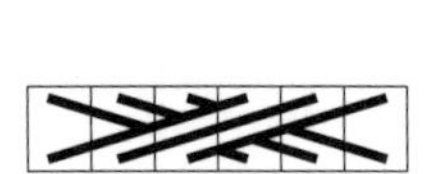

左上3针交叉

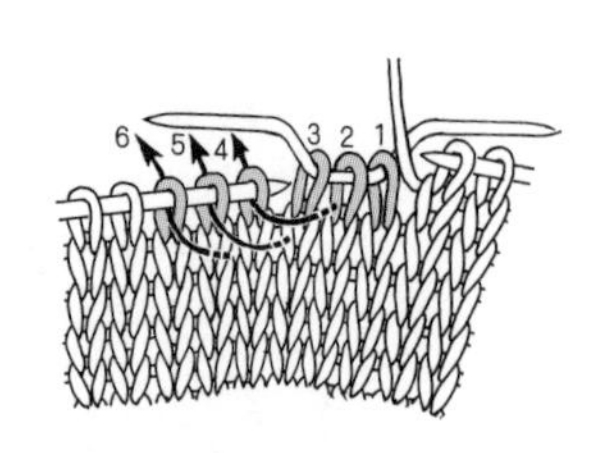

1 将左棒针上的线圈1~3共3针移至麻花针上，放在后面暂时休针。在第4针里插入右棒针编织下针。

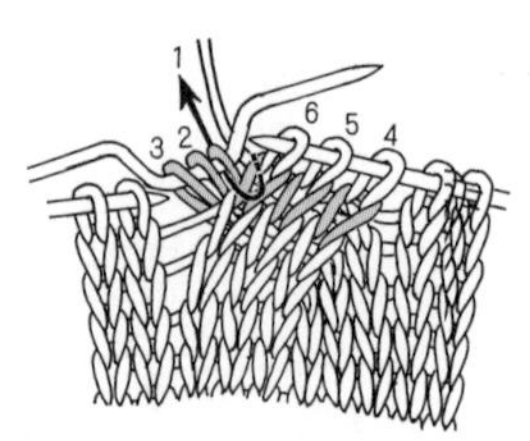

2 第5、6针也同样编织下针。

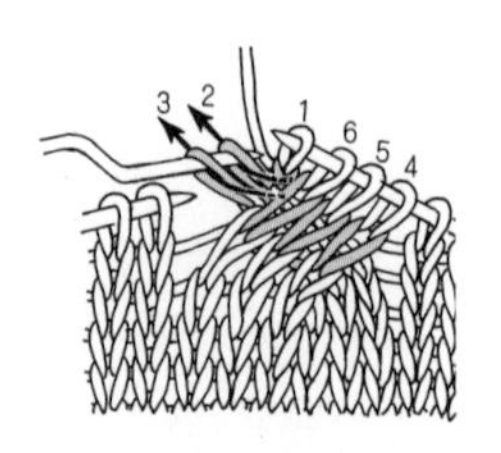

3 在移至麻花针上的线圈1、2、3里编织下针。

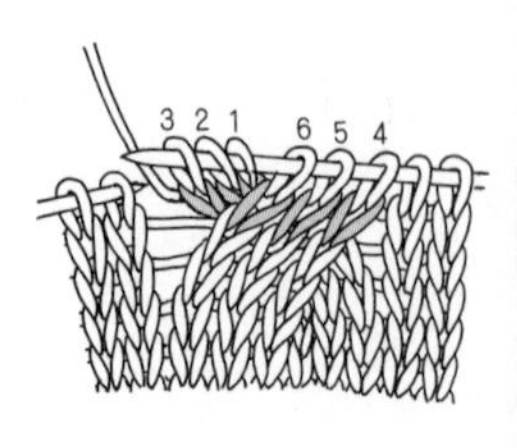

4 左上3针交叉完成。

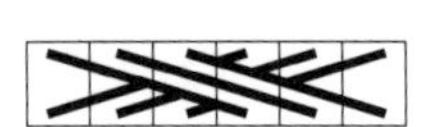

右上3针交叉

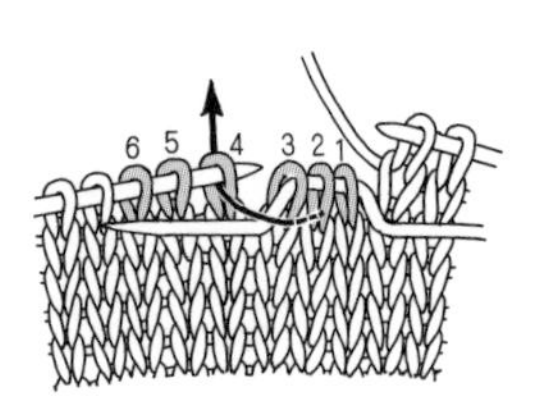

1 将左棒针上的线圈1、2、3移至麻花针上，放在前面暂时休针。接着在线圈4里编织下针。

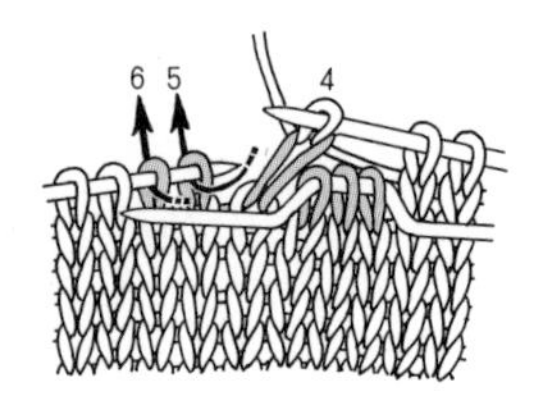

2 线圈5、6也同样编织下针。

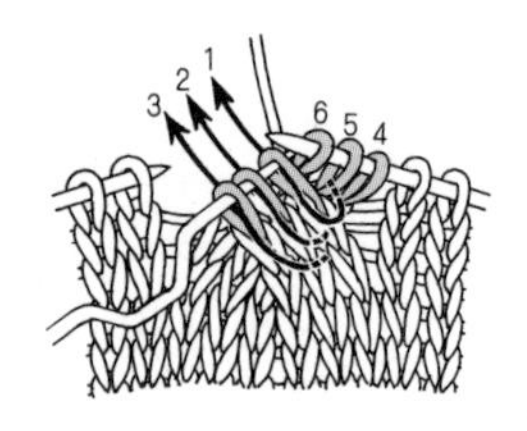

3 如箭头所示，在移至麻花针上的线圈1、2、3里插入右棒针编织下针。

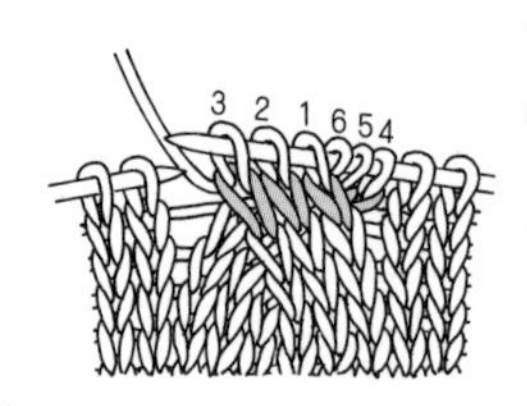

4 右上3针交叉完成。

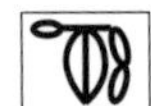

3针中长针的枣形针

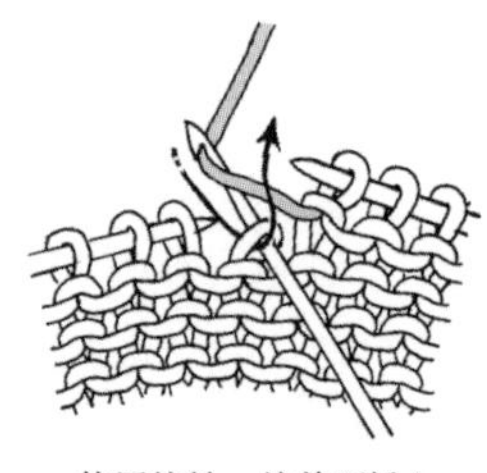

1 使用钩针。从前面插入钩针，挂线后拉出。

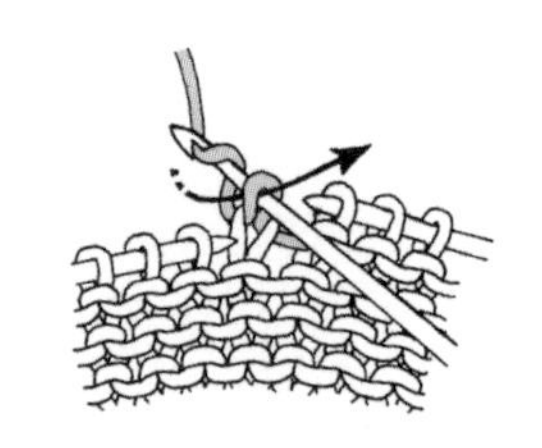

2 挂线，钩织2针锁针。

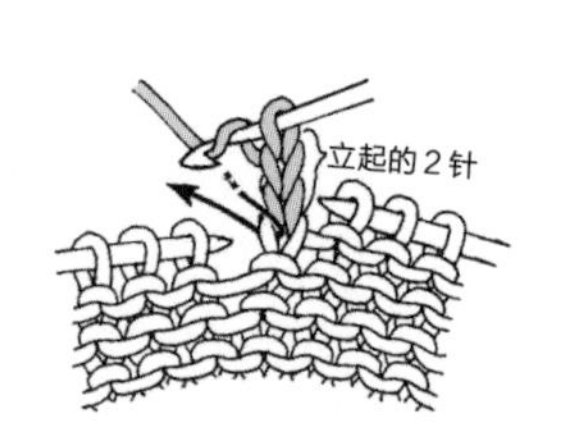

3 钩完立起的2针锁针后，在钩针上挂线，如箭头所示插入钩针，挂线拉出。

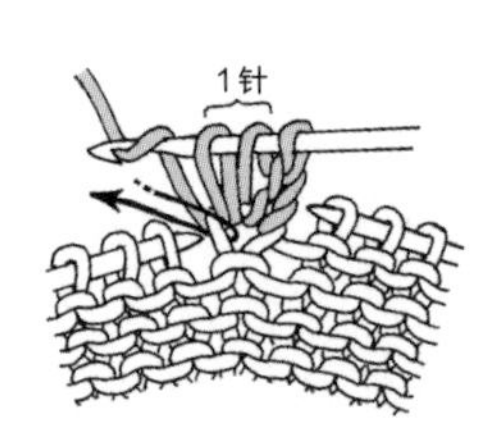

4 钩织1针未完成的中长针。

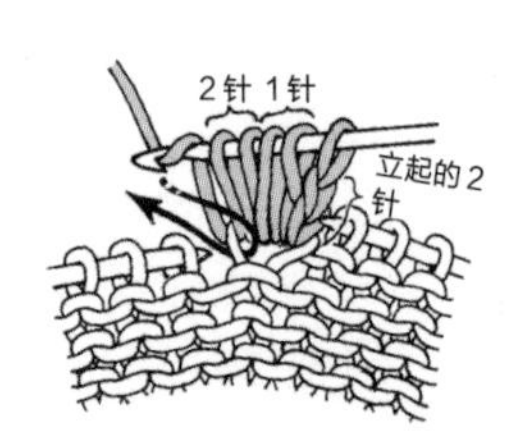

5 按步骤3相同要领，再重复2次“挂线、拉出”。

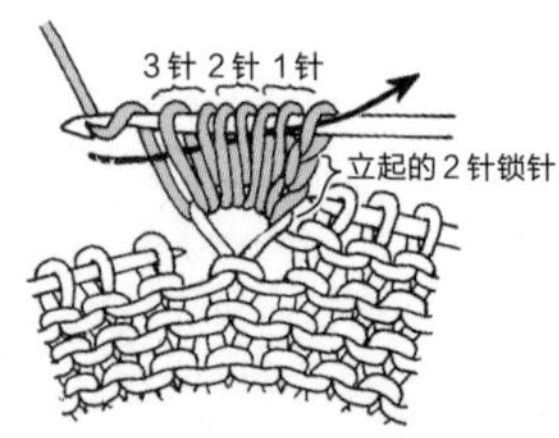

6 挂线，一次性引拔穿过所有线圈。

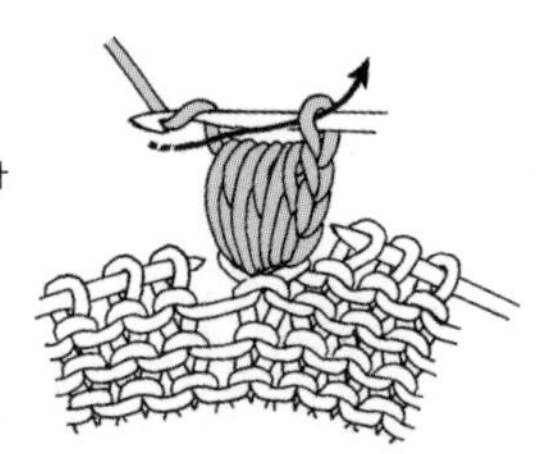

7 再次挂线引拔，收紧线圈。

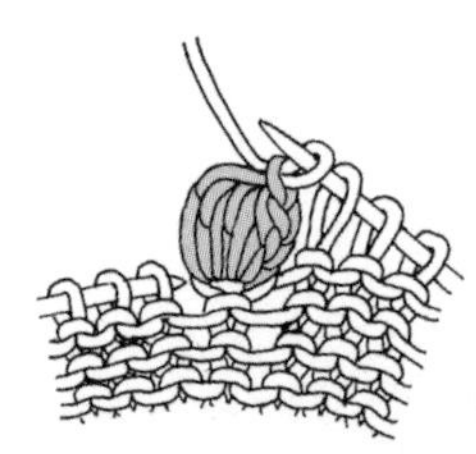

8 将步骤7中完成的线圈移至右棒针上，3针中长针的枣形针完成。

| 针法符号 |

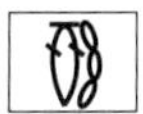

2针长针的枣形针

1 用钩针钩织3针锁针，挂线，如箭头所示插入钩针，挂线后拉出。

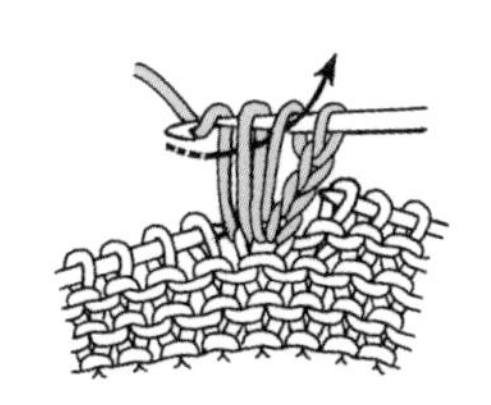

2 再次挂线，如箭头所示引拔穿过2个线圈。1针“未完成的长针”完成。

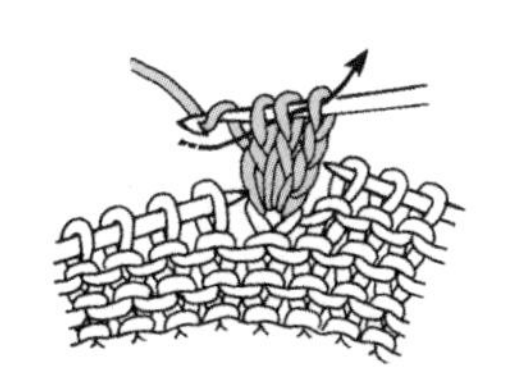

3 再重复1次，钩织2针未完成的长针后，挂线，一次性引拔穿过所有线圈。

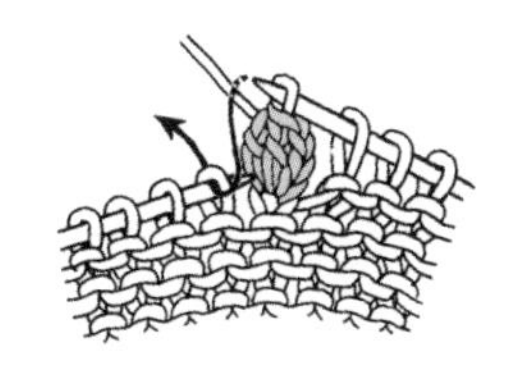

4 将线圈从钩针上移至右棒针上，2针长针的枣形针完成。接下来正常编织。

伏针

伏针收针

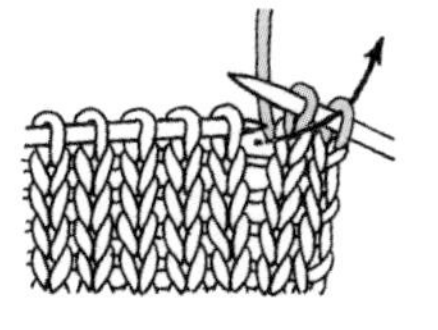

1 在边上的2针里编织下针。如箭头所示，在右端的线圈里插入左棒针。

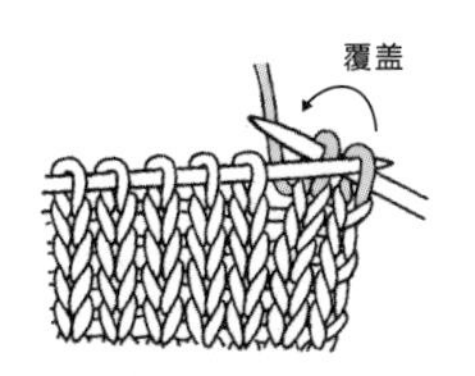

2 如图所示，将右端的线圈覆盖在左边相邻的线圈上。

3 接下来按步骤2相同要领，重复“在左棒针的线圈里编织1针下针，挑起右边的线圈覆盖”。

4 最后1针如图所示将线头穿过线圈，拉紧。

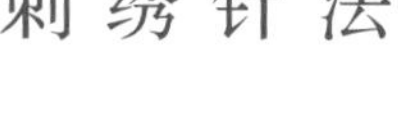

刺绣针法

法式结

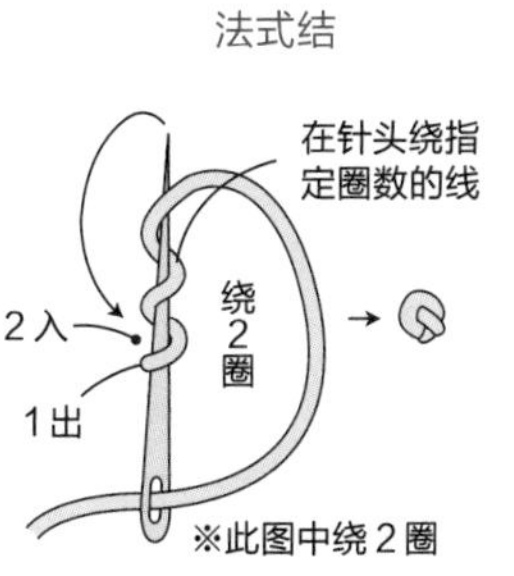
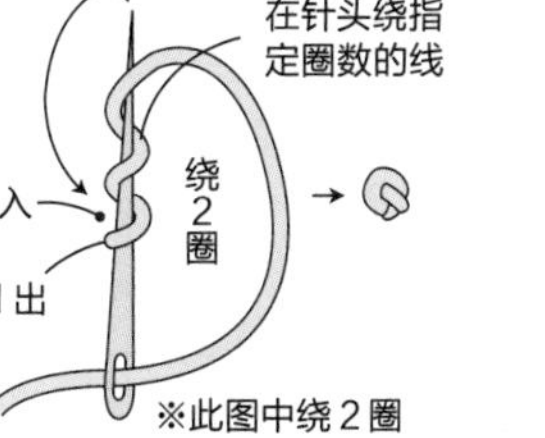

直线绣

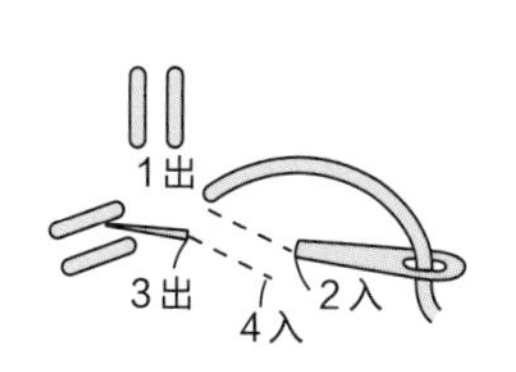

锁链绣

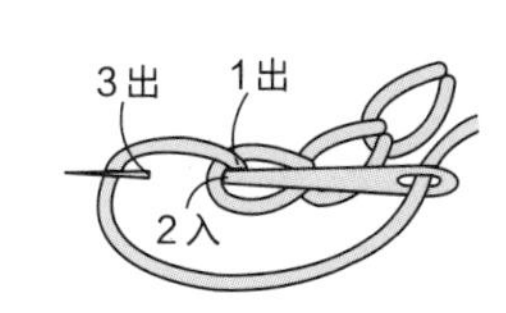

菊叶绣

回针绣

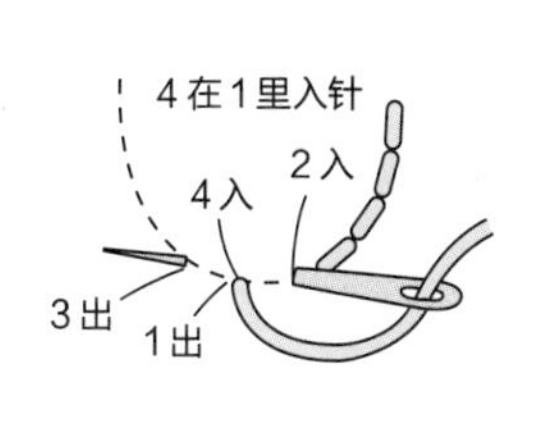

卷线绣

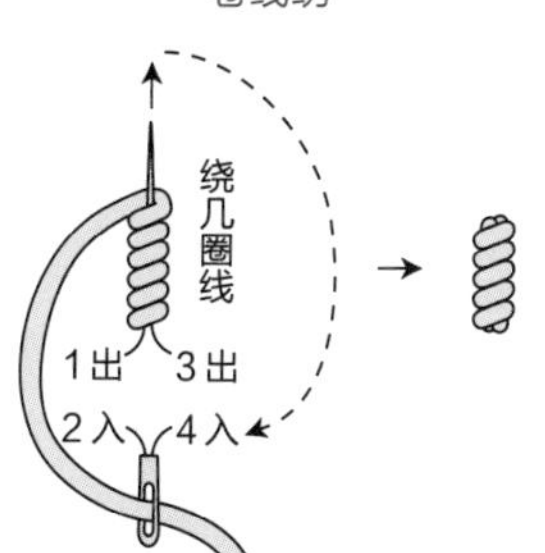

轮廓绣

日文原版图书工作人员

图书设计　原辉美　野吕翠（mill inc.）
摄影　大岛明子（作品）　本间伸彦（p.38~44）
造型　绘内友美
作品设计　池上舞　远藤裕美　冈真理子　冈本启子
河合真弓　川路由美子　沟端裕美
编织方法说明　堤俊子　中村洋子　西田千寻
制图　谷川启子　中村洋子　西田千寻
步骤详解　堤俊子
编织方法校对　增子满
步骤协助　河合真弓
策划 & 编辑　E&G CREATES（薮明子　和田梓）

※为了便于理解，基础教程和重点教程的图文步骤详解中使用了不同粗细和颜色的线。
※因为印刷的关系，线的颜色可能与所标色号存在一定差异。

原文书名：編み込みと模様編みの棒針パターン
原作者名：E&G CREATES

著作权合同登记号：图字：01-2022-1677

图书在版编目（CIP）数据

棒针编织超可爱提花花样 / 日本E&G创意编著；蒋幼幼译. -- 北京：中国纺织出版社有限公司，2022.6（2024.3 重印）
ISBN 978-7-5180-9261-1

Ⅰ.①棒…　Ⅱ.①日…　②蒋…　Ⅲ.①毛衣针—绒线—编织　Ⅳ.①TS935.522

中国版本图书馆 CIP 数据核字（2021）第 279139 号

责任编辑：刘　茸　　责任校对：楼旭红　　责任印制：王艳丽

中国纺织出版社有限公司出版发行
地址：北京市朝阳区百子湾东里 A407 号楼　邮政编码：100124
销售电话：010—67004422　传真：010—87155801
http://www.c-textilep.com
中国纺织出版社天猫旗舰店
官方微博 http://weibo.com/2119887771
北京华联印刷有限公司印刷　各地新华书店经销
2022 年 6 月第 1 版　2024 年 3 月第 2 次印刷
开本：889 × 1194　1/16　印张：5
字数：91 千字　定价：59.80 元

凡购本书，如有缺页、倒页、脱页，由本社图书营销中心调换